生态视域下环境保护实践研究

张志兰　俞华勇　鲁珊珊◎著

吉林科学技术出版社

图书在版编目（CIP）数据

生态视域下环境保护实践研究 / 张志兰，俞华勇，
鲁珊珊著. -- 长春 ： 吉林科学技术出版社，2022.4
　　ISBN 978-7-5578-9545-7

　　Ⅰ．①生… Ⅱ．①张… ②俞… ③鲁… Ⅲ．①生态环
境保护－研究 Ⅳ．①X171.4

中国版本图书馆 CIP 数据核字(2022)第 114001 号

生态视域下环境保护实践研究

SHENGTAI SHIYU XIA HUANJING BAOHU SHIJIAN YANJIU

作　　者　张志兰　俞华勇　鲁珊珊
出 版 人　宛　霞
责任编辑　高千卉
幅面尺寸　185 mm×260mm
开　　本　16
字　　数　291 千字
印　　张　12.75
版　　次　2023 年 5 月第 1 版
印　　次　2023 年 5 月第 1 次印刷

出　　版　吉林科学技术出版社
发　　行　吉林科学技术出版社
地　　址　长春市净月区福祉大路 5788 号
邮　　编　130118
发行部电话/传真　0431-81629529　81629530　81629531
　　　　　　　　　　81629532　81629533　81629534

储运部电话　0431-86059116

编辑部电话　0431-81629518
印　　刷　北京四海锦诚印刷技术有限公司

书　　号　ISBN 978-7-5578-9545-7
定　　价　58.00 元

前　　言

当今世界，环境问题已成为制约人类发展、影响人类生存的重大问题和热点问题。人类只有一个地球，保护好自然环境不仅对于今天的人类十分重要，还关系到子孙后代的生存安全。中国是一个人口大国，国家的繁荣与富强在很大程度上取决于环境问题的良好解决，从这个意义上来说，保护环境、治理污染已经是每个公民义不容辞的责任。人类在20世纪中叶开始了一场新的觉醒，那就是对环境问题的认识。残酷的现实告诉人们，人类经济水平的提高和物质享受的增加，在很大程度上是以牺牲环境与资源换取得来的。环境污染、生态破坏、资源短缺、酸雨蔓延、全球气候变化、臭氧层出现空洞等，正是人类在发展中对自然环境采取了不公允、不友好的态度和做法的后果。而环境与资源作为人类生存和发展的基础和保障，正通过上述种种问题对人类进行着报复。毫不夸张地说，人类正遭受着严重环境问题的威胁和危害。这种威胁和危害关系到当今人类的健康、生存与发展，更危及地球的命运和人类的前途。保护环境，走可持续发展道路，是全人类的觉醒和一致行动。从高层的决策人物到普通的老百姓，从工、农、商、学、兵各行业到政治、法律、经济、文化、科技各界，无一例外地与环境问题密切相关，并对环境保护起重要的作用。

本书立足于生态视域下环境保护的理论和实践两个方面，首先对生态城市建设及环境保护的概念进行简要概述；然后对环境管理、环境规划及环境污染防治的相关问题进行梳理和分析；最后对生态视域下的环境保护实践问题进行探讨，包括现代农业环境保护、智慧环境保护两个方向。本书论述严谨，结构合理，条理清晰，内容丰富，其能为生态视域下的环境保护实践相关理论的深入研究提供借鉴。

在本书的撰写过程中，参阅、借鉴和引用了国内外许多同行的观点和成果。各位同人的研究奠定了本书的学术基础，对生态视域下环境保护实践研究的展开提供了理论基础，在此一并感谢。另外，受水平和时间所限，书中难免有疏漏和不当之处，敬请读者批评指正。

目　录

第一章　生态城市建设的理论基础

第一节　生态城市基础概述

快速城市化带来的资源需求压力与生态破坏，使得城市生态系统面临着严峻挑战。将生态文明建设的理念和原则融入城市化过程，探求更加合理的城市发展模式和人类聚居与行为模式，是保障我国城市化健康、高质量发展的关键。

一、城市的定义

城市是人类社会发展到一定阶段的产物，有着深刻的社会经济和历史根源。城市的产生，是人类社会进步和文明发展的象征，关于城市的定义，说法很多，迄今还没有一个共同一致的结论。城市是包含着人类各种活动的复杂的有机体，表现形式非常之多，有政治的、经济的、社会的、地理的、文化的等，人们可以从不同的角度、不同的侧面去描述它。在我国古代文献中，"城"和"市"是两个不同的概念。"城"是指有防御性围墙的地方，能扼守交通要道，防守军事据点和军事要塞；"市"指的是商品交换之所。从这里可以看出，我国古代城市的主要功能是军事防御和商品交换。随着社会经济的发展，城市的功能不断变化和多样化，对城市的理解也日益深化。城市是由一个团体的人构成的在政治上有组织的共同体，是一个永久性和高度有组织的中心，包括有各种技能的一个人口集团，在粮食生产上不能自足，通常主要依赖制造业和商业以满足其居民的需要。

城市，是一个空间地域系统，是多种要素在城市空间内形成的一个相互联系和制约的有机体。从地理景观上看，城市是与农村截然不同的人类聚落。城市是人们改造社会最集中、作用最明显、反映最深刻的以人造景观为特征的聚落。它是建筑高低错落、空间开发密集、设施复杂、布局井然的人类生产和生活场所。城市是在地理空间中的一组充填式布局，是被赋予等级概念的、功能互补的、具有整体效益最大化的一组集合，形成了一个结构和谐的、流通顺畅的、高效有序的网络系统。这种金字塔式的结构体，镶嵌在一个可以提供自然资源、可以提供生态服务、可以提供人力支撑、可以提供文化范式的基础平面之上。这样，城市必然被看作是在垂直方向上从大到小的有序结构，同时也被看作是在水平方向上同级城市的功能互补，这两大方向上的交织效应和交互影响形成了所谓具有自组织功能、自学习功能和自适应功能的特种复杂系统。

城市通常被认为是三大结构形态和四大功能效应的系统集合。从结构上去认识，城市是一种空间结构形态，是一种生产结构形态，是一种文化结构形态。从功能上去认识，城市在一个"自然—社会—经济"的复杂巨系统中，通过集聚效应、规模效应、组织效应和辐射效应，寻求将"人口、资源、环境、发展"四位一体提升的方式。由此，城市可以表达为结构与功能不断优化的、具有等级系列特征的、作为区域发展动力的一组整体演进的高效动态体系。

从社会心理学角度出发，城市是一种心理状态，是各种礼俗和传统构成的整体，是这些礼俗中所包含的，并随着传统而流传的那些统一思想和情感所构成的整体。城市是现代文明的支点和象征，是现代文化的集散地。城市是生活的、具有异质性的、个人的，而且还具有相对高密度的、永久性的村落。

从城市的经济内涵出发，城市是一个坐落在有限空间内的各种经济市场——住房、劳动力、土地、运输等，相互交织在一起的网状系统。

可以把城市理解为人类聚落的一种形态，是非农业人口和非农产业高度集中的场所。城市作为一个开放的、复杂的、动态的巨大系统，是一个在自然系统的基础上建立起来的包含社会、经济、文化等复杂活动，具有多种价值取向的集合体，是一定地域范围内的政治、经济和文化中心，在区域社会经济发展中发挥控制和协调作用。

二、生态城市产生的背景

（一）人口问题

人口问题即由于人口数量过多而产生的问题以及人口的素质问题。对于城市而言，人口的数量问题，一方面是指城市本身人口膨胀过快，超过了城市自然环境的承载能力，使城市自然生态环境受到人类强烈的干扰、改变和破坏，造成城市生态平衡失调；人与自然环境的矛盾日益尖锐，也使得城市基础设施超负荷运转（如交通拥挤、公共场所人满为患等）；人工环境也不堪重负，居民有一种紧张感和压迫感；还使得就业压力过大，造成长期失业人口增加，产生城市贫困问题等。另一方面，周边区域（农村）人口压力也对城市生态环境造成直接和间接影响。密集的人口必然造成对自然环境的过度开发，从而破坏了城市生态环境的区域基础，大量农村剩余劳动力的存在也必然对城市形成冲击。因此，解决城市的人口数量问题，不能仅仅限制农民进城、把农民堵在城外，而必须从保护区域生态环境的角度考虑这一问题。人口问题还有个素质方面的问题。人口密集是几乎所有城市共同的特征，但各个城市之间发展水平和生态状况是不同的，其中，人口素质是决定性因素。人口素质不仅直接决定了城市经济和社会的运行状况，而且也影响着城市环境的管理和建设，对城市生态系统具有综合性的影响。

（二）资源问题

资源问题即由于城市人口过于密集以及对资源的不合理使用（如浪费、污染、分配不均等），造成城市的资源短缺，直接影响了生产和生活。例如，用地紧张、地价飞涨、住房困难、供水不足、清洁空气稀少等，实际上都是资源短缺的表现。资源问题是一个综合性的问题，会造成一系列的不良后果。例如，住房紧张和大多数居民居住面积狭窄是世界大城市的共同问题。

城市的资源问题不仅影响了城市本身，而且影响了城市的周边地区乃至整个区域。以水资源为例，当今世界，城市越来越多、越来越大，城市人口迅速增加，经济规模也日益扩大。因此，一方面城市工业和生活用水也就不断增多，淡水资源供不应求；另一方面，城市生产和生活对水的污染日益严重，使许多水体已失去使用价值，这更加剧了水资源的紧张。城市淡水资源的缺乏不仅直接影响城市的生态环境，而且挤占了农业用水，造成农村生态环境的恶化，农业生产力下降，从而又进一步加剧了城市的人口问题和环境问题。

（三）环境问题

这里指狭义的环境问题，即由于城市人口密集、工业集中、交通拥挤，各种废弃物大量排放，造成空气和水体污浊，垃圾遍地，环境恶化，许多城市出现了严重的环境公害，不仅危害人体健康，而且对动植物的生长也构成威胁。传统的城市环境问题主要包括四个方面：大气污染、水污染、固体废弃物污染和噪声污染。近些年又出现一些新的环境污染，如电磁污染、视觉污染等。其中最严重、危害最大的还数大气污染和水污染，对人类的身体健康构成了严重威胁。城市污水除排入江河湖海外，一部分还直接渗入地下，城市污水和固体废弃物还会造成土壤及其他污染。城市商业的发展，也带来一系列的视觉、味觉和听觉上的污染，有人称之为"商业污染"。这种污染不仅是一种环境问题，而且还引发一系列的社会问题。

（四）社会问题

社会问题即城市生活的高压力、快节奏、强竞争性、隔离性及其非人格化的特征，造成城市中人的心理失衡、情绪压抑、群体意识淡漠、社会责任感降低。人们普遍感到孤独，缺乏安全感，每个人都有一种戒备、封闭的心理倾向，处于一种违反其自然天性的孤立、自锢心理状态。从而使得整个城市社会发育不健全、不健康，出现人际关系功利化、道德约束力下降、排他情绪增强、心理疾病增加、犯罪率上升等社会问题。

（五）交通问题

交通问题已成为几乎所有城市中的焦点和难点问题，直接、深刻地影响着居民的生活，也是生态城市建设中要重点解决的问题，因此应当引起特别的重视。交通问题主要是指与汽车交通方式有关的一些问题，包括车辆拥堵、公共交通滞后、交通不畅、尾气污染严重、停车设施不足、交通事故增加，当然还有管理上的不合理、不完善。

三、生态城市的概念内涵与衡量标准

（一）生态城市的概念内涵

1. 生态城市的概念

城市问题从本质上讲是人与自然的关系问题，是人对自然的认识及作用方式的问题。面对城市化进程过快和环境污染问题，古希腊柏拉图的"理想国"和近代霍华德提出的"田园城市"，就是对生态城市建设最早的描绘和追求。建设一种兼具城市和乡村优点的理想城市——田园城市，这种城市，四周为农业用地所环绕，城市规模必须加以限制，每户居民都能极为方便地接近乡村，这也是后来的有机疏散理论和卫星城理论、复合型城市建设理论的源头。我国古代也讲究居住环境问题，古人部落选址就有了明显的环境变化趋向。讲求人与自然的关系，注重阴阳和合、天人和谐，倡导的"面南而居""山环水抱"等理念对现代城市选址仍有借鉴意义。

生态城市概念是城市生态理论发展的必然结果，生态城市，也称生态城，是一种趋向尽可能降低对于能源、水或食物等必需品的需求量，也尽可能降低废热、二氧化碳、甲烷与废水的排放的城市。这一概念最早在 20 世纪 70 年代联合国教科文组织发起的人与生物圈计划（Manand Biosphere Programme，MAB）研究过程中提出，受到全球广泛关注。生态城市是以现代生态学的科学理论为指导，以生态系统的科学调控为手段，建立起来的一种能够促使城市人口、资源、环境和谐共处，社会、经济、自然协调发展，物质、能量、信息高效利用的城镇型人类聚落地；生态城市是在生态系统承载能力范围内，通过改变城市的生产和消费方式、决策和管理方法，挖掘市域内外可以利用的资源潜力，建立起来的一类经济发达、生态高效的产业，生态健康、景观适宜的环境，体制合理、社会和谐的文化，以及人与自然和谐共生的充实、健康、文明的生态社区；生态城市是根据生态学原理，综合研究社会—经济—自然的复合生态系统，并用生态工程、社会工程、系统工程等现代科学与技术手段而建设的社会、经济、自然可持续发展，居民满意、经济高效、生态良性循环的人类居住区。

从生态哲学角度看，生态城市实质是实现人与自然的和谐共生，这是生态城市价值取向所在，只有人的社会关系和文化意识达到一定水平才能实现；从生态经济学角度看，生态城市的经济增长方式是集约内涵式，采用有利于保护自然价值、有利于创造社会文化价值的生态技术；从生态社会学角度来看，生态城市的科技、教育、文化、道德、法律、制度等都将生态化；从城市生态学角度看，生态城市的社会、经济与自然复合生态系统结构合理、功能稳定，达到动态平衡状态；从系统学角度看，生态城市是一个与周围市郊及有关区域紧密联系的开放系统，不仅涉及城市的自然生态系统，如空气、水体、土地、绿化、森林、动植物、能源和其他矿产资源等，也涉及城市的人工环境系统、经济系统、社会系统，是一个以人的行为为主导、自然环境为依托、资源流动为命脉、社会体制为经络的社会、经济与自然的复合系统。综上所述，生态城市应是资源有效利用、环境和谐、经济发展、社会进步、发展持续的社会、自然与经济以及人与自然和谐统一的城市。

2. 生态城市的内涵

生态城市有三个层次的内涵：第一层次是自然地理，这是城市人类活动的自发层次，是城市生态的趋势、开拓、竞争和平衡过程，最后达到地尽其能、物尽其用；第二层次是社会功能，重在调整城市的组织结构及功能，改善子系统之间的冲突关系，增加城市有机体的共生能力；第三层次是文化意识，旨在增强人的生态意识，变外在控制为内在调节。

生态城市是一个包括自然环境和人文环境的综合性概念。它不单纯是狭义的环境保护，而是以人为主导，以自然环境系统为依托，以资源流动为命脉的经济、社会、环境协调统一的复合生态系统。其内涵主要有以下几个方面：

一是从地域范围看，生态城市不是一个封闭系统，而是一个与周围相关区域紧密相连的相对开放的系统。它不仅包括城市地区，还应包括周围的农村地区。

二是从涉及领域看，生态城市不仅涉及城市的生态环境系统，也涉及城市的经济和社会系统。

三是从城市生态环境看，生态城市的自然资源得到合理利用，自然环境及其演进过程得到最大限度的保护，具有良好的环境质量和充足的环境容量，能够消纳人类活动所产生的各种污染物和废弃物。

四是从城市经济看，生态城市要有合理的产业结构、能源结构和生产力布局，通过调整生产、流通和消费诸环节，使资源和能源得以有效利用，城市的经济系统和生态系统协调发展，城市经济发展与生态环境效益有机统一，经济高效运行。

五是从社会方面看，生态城市要求人们有自觉的生态意识和环境价值观，生活质量、人口素质及健康水平与社会进步、经济发展相适应，有方便舒适的生活环境、安定的社会秩序、开放民主的社会政治、健全的社会保障体系、全面的文化发展、绿色的生活社区和生态化的城市空间环境。

（二）生态城市的衡量标准

由于对生态城市的理解各不相同，且世界各地城市的地理位置、城市特点、区域环境、发展状况等背景条件相差迥异，没有一个统一的标准来衡量生态城市的内容。但都基于一个共同的原则：必须保持系统的健康和协调，具有高效率的物流、能流、人口流、信息流和价值流，且有持续发展和消费的能力，具备高速度生态文明的生活空间。换句话说就是：生态城市应当实现综合效益最高、风险最小、存活机会最大。可以解释为：人们可以通过各种劳动从城市经济系统中获得最大的经济效益，但不损害城市生态系统的动态平衡，并建立高水平的社会文明；同时，由于城市生态系统的自我调控能力增强，抵抗外部自然灾害或生态环境破坏的能力增强，降低各种风险。给人类、动植物、微生物提供同样的良好、适宜的生存环境。具体体现在以下几个方面：

1. 高效率的物质转换系统

生态城市的物质转换过程中，必须是自然物质投入少，经济物质产出多，废弃物派生少。这样的系统是以合理的产业结构为基础的。一般合理的产业结构布局服从"第三产业>第二产业>第一产业"，第三产业的比重应该最大，最好是70%以上，而且在现代社会发展速度下，除了贸易、金融等传统产业外还应该大力发展新兴产业，如信息业、服务业，这是对未来社会发展推动力较强的产业。第二产业应该向产业生态化方向努力，采用高新技术，提高资源利用率，提高生产效率，实现清洁生产，最大限度减少城市污染。第一产业则应以生产绿色产品、有机产品，建设高效生态农业为基础，并加强农业产业化，提高市场竞争力。

2. 高效率的流通系统

现代化的城市基础实施将构成未来生态城市高效的流通系统，在这个系统中，能流、物流、信息流以及人才的流动都将在现代化硬件的保障下，快速、经济、有效地运行，同时对环境造成的破坏还将降至最低。该系统中的一系列硬件包括：高效的交通运输系统、快速的信息系统、配套齐全的供给系统、功能齐备的服务系统和设施先进的废物处理系统。

3. 高质量的环境状况

达到生态城市最基本的条件就是为城市居民创造一个良好、有序的生态环境。城市生产、生活中所产生的各类废弃物的量通过有效的措施减少到城市环境容量以内，达到各项环境指标，不对居民的健康构成威胁。

4. 完善的城市绿化系统

建设城市生态环境最基本的就是建设城市绿化系统，它是生态城市最明显的标志之一。未来城市以多功能、全方位绿化为支撑，形成点、线、面结合的城市绿网，最大限度地发挥城市植被净化空气、美化环境、调节气候、休闲、娱乐等多方位功能。据联合国有关组织的规定，生态城市的绿地覆盖率应达到50%以上，居民人均90平方米，居住区人均面积28平方米。

5. 良好的人文环境

生态城市必须有相当水平的软件保障——发达的教育体系、较高的居民素质。这是建设生态城市的智力保障，要求城市居民接受教育的程度和普及率高。此外，还应该保持良好的社会风气、较稳定的社会秩序、良好的医疗保障、丰富多彩的文化生活等，人们在道德标准和环境意识的规范下，自觉控制自己的行为。

6. 高效率的管理

生态城市建成后，将通过一套系统、配套的措施监督和管理人口、资源、服务、就业、环境保护、城市建设等，保证城市资源合理适度开发、城市人口增长规模适宜、城市用地扩张速度减慢、土地合理利用，使人与自然的关系达到最佳状态。

第二节 生态城市建设理论

一、生态城市建设的哲学基础

（一）生态哲学的内涵及对人类的启示

生态哲学是一种新的世界观，是运用生态学的基本观点观察现实事物和解释现实世界，包括生态哲学本体论、生态认识论、生态学方法和生态价值论的研究。它以人与自然的关系为基本问题，用生态整体性观点分析问题，提供观察世界、认识世界的新的理论框架。生态哲学本体论主要进行生态观和生态学主要规律的研究，生态哲学的观点为"世界是有机整体"。生态哲学的认识模式是整体论的认识模式，它不仅研究人的认识，而且认为生物也有认识，即世界有"价值评价能力"。生态哲学的方法论，即生态思维，是用生态观点研究现实事物，观察现实世界。它的特点是全面和辩证地把握所研究的对象及对象的整体性，用互相联系、相互作用的系统化和网络化的观点，从线性因果关系到网络因果关系分析。生态价值观承认自然具有价值，客观上要求人与自然的和谐。

从表观上看，导致环境恶化的原因是人类的破坏活动，但从本质上来讲，问题的根源在于这种指导思想背后的世界观和思维方式。人类的任何开发建设活动都是在一定的思想指导下进行的，传统的发展观把发展生产、发展经济作为唯一的着眼点，唯一的追求目标。在这种思想的指导下，人类只知道向自然索取，而不考虑反哺和促其再生，而是向自然掠夺资源，造成了对自然界的破坏，引起环境污染、生态破坏、资源浪费、经济发展不平衡。

长期以来，人类的思想一直活动在人类中心论的框架内，活动在主客两极化的框架内。人类把自己看成世界的中心、自然的主宰，把世界看成对象，把自然界中的自然万物看成技术生产的原材料，人可以任意地向自然索取。

生态建设是人类反哺自然界的一种有效途径。生态建设的目标是实现生态的可持续性，是实现区域可持续发展的主要方面。生态建设必须转变传统的发展观、变革传统的思维定式，按照新的思维方式行事。

人与自然的关系是一种改造与被改造、认识与被认识的关系。人是主动的方面，引发生态危机的关键在于人自身。从本质看，人是自然界的一部分；从人的生存与发展看，自然界为生产提供了劳动对象和劳动资料；人与自然物质交换活动是社会的基础；从人与自然的相互使用看，人的活动不能超越自然所能接受的限度，不能违背自然规律。也就是说要实现人与自然的和谐。

人与自然的和谐，不是仅仅考虑生态效益，而忽视了经济效益和社会效益，三者互为补充，互相依存。任何的生态建设如果见不到经济效益，或者通过其他渠道得不到经济上的补偿，生态建设就会最终失败。只有在改善生态环境的同时，人类的收入稳定同步增加，才能保证生态建设的长远开展。

人类的力量已经强大到了可以决定地球村命运的地步。在远古时代，人类的力量还比较弱小，对在自然界造成的危害还微不足道，但是先进人类的力量空前地强大，人类如果再盲目地任性生活，结局必然是毁灭性的。人类成为世界的绝对中心，人类对自然界的征服所造成的破坏空前地严重，相对于人的力量，已经变得脆弱的地球生态环境已经无法承受人类进一步的暴力与破坏。

征服的逻辑源于人类中心主义，人类中心主义必然导致对自然的破坏与毁灭。人是宇宙的中心，其他事物都是当作实现人的中心地位的手段，所以，它的实现必然以消灭其他事物的独立性为前提。

随着征服的逻辑的过时，超越人类中心主义的时机已经成熟。人只不过是宇宙中诸多存在物中的一种，他与地球上其他存在物之间的关系从根本上说是同一个家园中不同成员之间的关系，人之外的存在物作为家园中的成员具有自己独立的价值，人和这些家园成员之间的相互支撑和相互成全关系要比人对它们的征服、统治、利用更为根本。

人类力量的真正强大在于实现人与自然的和谐关系，成为自然的守护者和成全者，而不是征服者和剥削者。要学会守护和成全，人类必须改造人性，改造人类欲壑难填的生活方式，改造人类对于所有事物的征服态度。

（二）机械论世界观与生态哲学

现代哲学是由笛卡儿-牛顿机械论世界观（以人类中心主义为主要原则，支撑着现代的工业文明）所支撑，强调人与自然、主体与客体二元分离和对立，认为人类独立于自然界，而不是自然界的一部分，强调对部分的认识，也不承认自然界的价值，主张在人与自然独立的基础上，通过人对自然的改造确立人对自然的统治地位，是一种人类统治自然的哲学。它以人类中心主义为主要原则，这是现代哲学占主导地位的思想。在这种哲学的指导下，发展了控制自然的技术和"反自然"的实践。人类作为自然征服者的地位观，成为工业文明时代的行动哲学。随着工业文明带来的种种危机，人类开始反思自己的世界观。于是传统的哲学观转向一体化宇宙的、生态学的世界观，并在这种新的世界观的指导下，去进行一场真正意义上的文化改革。

在生态世界观中，始终贯穿着两个主题，一个主题是一切现象之间有一种基本的相互联系和相互依赖的关系。在笛卡儿的世界观中，整体的动力学来自部分的性质，而在生态世界观中，部分的性质由整体的动力学性质所确定。整体的动力学是首要的，部分是次要的。第二个主题是现实世界在根本上是运动的，结构不再被看成是基本的东西，而是一种互补的表现形式。生态世界观把世界看成是相互联系的动态网络结构，超越了机械论的世界观而向整体性、系统性、动态性的宇宙观，形成对人和自然相互作用的生态学原则的正确认识。

生态哲学是从广泛关联的角度研究人与自然相互作用的新的世界观，它描绘的是一个互相依赖的并有着错综复杂联系的有机世界，它向我们提供了一种新的伦理道德观。它的主要特点是从"反自然"的哲学，走向尊重自然的哲学；从人统治自然的哲学发展到人与自然和谐发展的哲学；从现代主义二元论发展到多元论，进而走向彻底的非二元论的哲学。它把世界看成是一个动态的网络结构，超越了机械论的世界观，而引向整体性、系统性、动态性的宇宙观，形成对人和自然相互作用的生态学原则的正确认识。生态世界观决定了生态城市是在人与自然系统整体协调、和谐的基础上实现自身的发展，人或自然的局部价值不能大于人与自然统一体的整体价值。生态哲学与传统的世界观比较，它不强调硬性地主与客二分和主要与次要之分，而强调事物的相互联系、相互依赖和相互作用的整体性，它注重网络的非线性关系和循环运动。生态哲学作为可持续发展的解释工具，把可持续发展思想提到哲学的高度，有利于把它作为重要的思想资源，对可持续发展提供理论支持，因而具有重要的实践意义。

生态哲学不同于环保主义，也不同于广义的生态学，它是一种本体论。这种观念将有助于改变现代人的思维方式。在生态城市中，所有事务均互相联系，每个要素都是宇宙链条的一部分。这一链条为宇宙—地球—大陆—民族—生物区—城市—家庭—个人构成。

二、生态城市建设的生态学基础

（一）生态系统

生态系统，是在一定时间和空间内，生物与其生存环境之间以及生物之间相互作用，彼此通过物质循环、能量流动和信息交换，形成一个不可分割的整体。生态系统包括生物和非生物的环境，或者生命系统和环境系统。生态系统揭示了生物与其生存环境之间、生物体之间以及各环境因素之间错综复杂的关系，包含着丰富的科学思想，是整个生态学理论发展的基础。生态系统具有整体性、系统性、动态性等特征。从系统论观点来看自然过程有序、合理而且可以预测；每一个生态系统皆有其特定的能量物质流动模式，并对应于其系统的结构。生态系统作为一个开放的系统，其变迁将走向一种动态的平衡而归于稳定，即"成熟的阶段"。这个阶段的特性包含了低度的净产值、高度的多样性与稳定性以及极佳的养分储存循环。

生物是生态系统的主体，是生态系统中的能动因素。但是，在生态系统中，生物不是以个体方式存在，而是以"种群"的形式出现，作为一个有机整体与环境发生关系。生态系统中，生物之间存在两个层次的关系：种群内部生物个体之间的关系和种群之间的关系。种群内部生物个体之间的关系一般有两种：协作和竞争。但协作是一时的和初始的，而竞争是永恒的和普遍的。特别是当种群密度较高，出现"拥挤效应"时，竞争会更加激烈。竞争的结果是"优胜劣汰，适者生存"。种群间的关系则十分复杂，但也可以归结为正相互作用和负相互作用两大类。在一定区域内的各种生物通过种内及种间这种复杂的关系，形成一个有机统一的结构单元——生物群落。生态系统就是生物群落与无机环境相互作用而形成的统一整体。

环境是生态系统存在和发展的基础。环境中对生物的生命活动起直接作用的那些要素一般称为生态因子，包括非生物因子（如温度、光照、大气、pH 值、湿度、土壤等）和生物因子（即其他动植物和微生物）。生物主体与环境生态因子之间的关系有以下几个特征：

第一，生态因子的综合作用。即每一种生物都不可能只受一种生态因子的影响，而是受多种生态因子的影响。各种生态因子之间也是相互联系、相互影响的，共同对主体发挥作用。这就要求我们在考虑生态因子时，不能孤立地强调一种因子而忽略其他因子，不但要考虑每一种生态因子的作用，而且要考虑生态因子的综合作用。

第二，生物与环境的关系是相互的、辩证的，环境影响生物的活动，生物的活动也反作用于环境。

第三，生态因子一般都具有所谓的"三基点"，即最适点、最高点和最低点。每一种生态因子对特定的主体而言都有一个最适宜的强度范围，即最适点，生态因子的强度增加和降低对特定的生物都有一个限度，有一个最高限度和最低限度（即生物能够忍受的上限和下限）。最高限度和最低限度之间的宽度称为生态幅，它表示某种生物对环境的适应能力。

第四，限制因子，即环境中限制生物的生长、发育或生存的生态因子。

与生态系统紧密相关的一个极重要的概念是"生态平衡"，近代著名的生态学家美国的奥德姆教授（OdumE. P）指出，生态平衡是"生态系统内部物质和能量的输入和输出两者间的平衡"。生态平衡是相对的、动态的平衡，其运行机制属负反馈调节机制，即当生态系统受到外来影响或内部变故而偏离正常状态时，系统会同时产生一种抵制外来影响和内部变故、抑制系统偏离正常状态的力量。但是，生态系统的自动调节能力是有限的，当外来影响或内部变故超过某个限度，生态系统的平衡就可能遭到破坏，这样一个限值称为"生态平衡阈值"。破坏生态平衡的因素有自然因素和人为因素。自然因素主要是各种自然灾害，如火山喷发、海陆变迁、雷击火灾、海啸地震、洪水和泥石流以及地壳变动等，自然因素具有突发性和毁灭性的特点，这种因素出现频率不高。人为因素则比较复杂，是目前破坏生态平衡最常见、最主要因素。人为因素破坏生态平衡一般有三个途径：一是使环境因素发生改变，包括自然环境和人工环境的改变；二是系统主体即生命系统本身的改变，包括其结构的失调和功能的失序；三是生态系统与外界能量、物质、信息联系的破坏。总之，生态系统的失调或称生态平衡的破坏，是生态系统的再生机制瘫痪的结果，要维持一个生态系统的平衡也必须维护其机制，使系统内资源和能源的消耗小于其资源和能源的再生。

（二）城市生态系统

城市生态系统不同于一般的生态系统。关于城市生态系统的定义目前并不统一，城市生态系统是一个以人为中心的社会、经济与自然复合构成的生态系统。城市生态系统，既是以城市为中心、自然生态系统为基础、人的需要为目标的自然再生产和经济再生产相交织的经济生态系统，又是在城市范围内以人为主体的生命子系统、社会子系统和环境子系统等共同构成的有机生态系统。城市生态系统是由自然生态系统、文化生态系统、社会生态系统、经济生态系统共同构成的典型的社会—经济—自然复合生态系统。其人工组分比例和物质能量流通的通量所占比重相当大。在这个复合生态系统中，自然生态系统是城市发展的基础，经济生态系统是城市发展的动力，社会生态系统是城市发展的目的。城市是一个以人类行为为主导、自然生态系统为依托、生态过程所驱动的社会—经济—自然复合生态系统，其自然生态系统由中国传统的五行元素水、火（能量）、土（营养物和土地）、木（生命有机体）、金（矿产）所构成，经济子系统包括生产、消费、还原、流通和调控五个部分，社会子系统包括技术、体制和文化。以上定义的城市生态系统观是一种大生态系统观、广义生态系统观。

城市生态系统结构复杂，功能多样，不同于其他生态系统，主要表现为以下四个方面：

1. 城市生态系统是高度人工化的生态系统

城市生态系统也是生物与环境相互作用形成的统一体，这里的生物主要是人，这里的环境包括自然环境和人工环境的城市环境。在城市生态系统中，人是城市的主体，而不是各种动植物和微生物。城市生态系统具有消费者比生产者更多的特征，因此，城市形成了不同于自然生态系统"生态学金字塔"的"倒金字塔"形的生物量结构。

2. 城市生态系统是一个自然—社会—经济复合生态系统

城市生态系统从总体上看属于人文生态系统，它以人的社会经济活动为主要内容，但它仍然是以自然生态系统为基础的自然、经济与社会复合人工生态系统。因此，城市生态系统的运行既遵守社会经济规律，也遵循自然演化规律。城市生态系统的内涵是极其丰富的，其各组成部分互相联系、互相制约，形成一个不可分割的有机整体。

3. 城市生态系统具有高度的开放性、依赖性

自然生态系统一般具有独立性，但城市生态系统则不同，每一个城市都在不断地与周边地区和其他城市进行着大量的物质、能量和信息交换，输入原材料、能源，输出产品和废弃物。因此，城市生态系统的状况，不仅仅是自身原有基础的演化，而且深受周边地区和其他城市的影响。城市的自然环境与周边地区的自然环境本来就是一个无法分割的统一体。城市生态系统的开放性，既是其显著的特征之一，也是保证城市的社会经济活动持续进行的必不可少的条件。

4. 城市生态系统的脆弱性

城市生态系统具有不稳定性和不完整性，导致了其具有脆弱性。城市生态系统是高度人工化的生态系统，其不完整性导致了城市生态系统中能量与物质大部分要靠外部的输入，同时，城市生活所排放的大量废弃物，也超出了城市自身的净化能力，需要向外部输出或者需要依靠人为的技术手段处理，才能完成其还原过程。城市生态系统受到人类活动的强烈影响，自然调节能力弱，主要靠人工活动调节，而人类活动具有太多的不确定因素，不仅使得人类自身的社会经济活动难以控制，还因此导致自然生态的非正常变化；而且影响城市生态系统的因素众多，各因素之间具有很强的联动性，系统中任何一个环节发

生故障,将会立即影响城市的正常功能,所以,城市生态系统不能完全实现自我稳定。

城市生态系统功能多样。王发曾等把城市生态系统的功能概括为生产、消费和还原。生产功能是城市生态系统的基本功能,包括生物性生产和社会性生产两部分。城市生态系统中的所有生物均能进行生物性生产,绿色植物利用光合作用进行初级生产,营养级高的生物通过摄取低级营养物质进行次级生产,人的生物性生产具有明显的社会性。社会性生产只有人类才能进行,包括物质生产和精神生产,物质性生产以创造社会财富、满足人类的物质消费需求为目的;精神生产以创造社会精神财富,完善和丰富人的精神世界为目的,它是在物质生产实践的基础上,通过人对客观世界的感知进行的。随着社会生产的发展,人类的消费需求也会发生相应的改变,从最基本的物质需求、能量需求到空间需求和信息需求,城市生态系统就是要满足人们不断变化的消费需求。自然净化功能、人工调节功能是城市生态系统内各组成要素发挥自身机理协调生命—环境关系,增强生态系统稳定性与良性循环能力的功能。

城市生态系统的复杂性以及多因子复合性决定了城市是一个无穷维的生态关系空间,其物流、能流、信息流、人口流等各种生态流有着较大的空间和时间跨度,在地理分布上也不一定是连续的,因而其空间边界是模糊的,抽象的。但是,系统的性质又往往是由其中的少量主导因子所决定的,由一些主要关系所代表,在实际研究中又有一定程度上的具体时空界限和范围,因此城市生态系统的系统边界既是具体的又是抽象的,既是明确的又是模糊的,这又增加了城市生态系统研究的复杂性。

(三) 城市生态系统的耗散结构

该理论认为,一个远离平衡态的非线性的开放系统(物理的、化学的、生物的乃至经济的、社会的系统),通过不断与外界交换物质和能量,在外界条件的变化达到一定的阈值时,可能从原有的混沌无序的混乱状态,转变为一种在时间上、空间上或功能上的有序状态,这种在远离平衡情况下所形成的新的有序结构,称为"耗散结构"。它具有远离平衡态、非线性、开放系统、涨落、突变等特征。

城市生态系统要维持其正常的运转,需要不断地从外界输入食物、燃料、建筑材料等物质和能量,同时它又输出制成的产品和废料。可见,城市生态系统是一种典型的耗散结构,它的维持需要从系统外不断地输入负熵流或者排出熵,以维持城市生态系统的稳定。城市生态系统的熵值不能增加,熵变必须小于零,负熵值要大于熵值,这是实现城市生态系统良性运转和发展的前提条件。但是,对每一个具体的城市生态系统而言,能够输入的负熵流是有限的，因此，它也就给熵增规定了一个最高限度，一旦输入的负熵流小于系统内部熵增加值，城市就会出现无序和混乱。也就是说，一个城市必须把自身的能量、物质消耗控制在一定的范围之内，把人口规模和生产规模控制在一定的范围之内。

（四）社会生态学

在城市生态系统中，城市社会的演变极为复杂，更难把握；而且目前几乎我们所有的生态问题都是由于根深蒂固的社会问题而产生的，在"社会—经济—自然"复合生态系统中，"社会"处于能动的地位，环境问题归根结底在人类自身，对于"生态城市"的建设，最为关键的应该是人类自身行为的建设，因此，在研究城市问题和建设生态城市的过程中要特别关注社会生态的状况和演变。城市社会中有很多的不确定因素或称模糊因素，但这并不是说城市社会的演变毫无规律可循。对社会及其发展规律做出准确而全面的描述和阐述，一直是古今中外学者们孜孜以求的目标。许多学者通过长期的观察、分析和研究，不断地总结出形形色色的城市社会演变的一般规律。在这里我们简单介绍几个与生态城市建设紧密相关的社会演变规律。城市生态学家从植物生态学引申发挥，认为人类社区的发展与消亡，生态学因素起着决定性作用，社区结构的嬗变就像在植物群落中更替现象是入侵现象的后果一样，在人类社区中所出现的那些组合、分割、结社等，也都是一系列入侵现象的后果，这就是所谓的"侵犯与接续"原理。而系统理论学者则把社会结构比作"赫胥黎之桶"，桶是有限的，丰富多彩的社会生活是无限的，附着在结构上的社会生活的增长，迟早会使相对固定的结构与它容纳的生活不相适应，社会结构这只赫胥黎之桶就会被无限增长的社会生活所填满，直至被撑破，从而形成新的社会结构。近些年，人类生态学关于城市社会的演变规律研究较多。人类生态学认为社会演变的动力来自环境的变化，正确的环境观应当是：人类不仅要保护自然，更重要的是要建立一个与自然相和谐的生态化的社会。生态社会的基本单元是"生态社区"。"生态社区"是建立在生态平衡、社区自治和民主参与基础之上的，是具有一定人口规模的、可持续的住区。人类生态学特别重视城市对于人类社会的意义，认为城市为活跃的政治文化和热情高涨的市民提供了生态的和道德的舞台。

社会生态学是20世纪60年代在西方形成与发展起来的探讨环境问题的交叉学科，是当代最有影响力的环境哲学之一。社会生态学家认为，仅从生态的角度保护动植物或者地球的完整性，是远远不够的，因为我们当前面临的很多全球环境灾难的根源在于社会结构的内部。把生态问题与社会问题分开，或者贬低或象征性地承认它们之间至关重要的联系，将会使人们完全曲解日益严重的环境危机的原因。人类作为社会存在物的相互交往方式对于解决生态危机起着决定性的作用。决定未来地球生态状况的真正战场无疑在我们的社会之中。任何社会制度都必须与自然相适应，必须让利用自然的手段和方式方法以及生产都适应这些条件。社会生态学认为，不能简单地把环境问题归咎为科学技术的发展或人口的增长，产生环境问题的根本原因是社会经济、政治和文化机制的"反生态化"，社会生态学应该通过影响人的价值取向、伦理规范，诱导一种健康、文明的生产消费行为，启迪一种将自然、功利、道德、信仰和天地合而为一的生态境界。社会生态学的根本价值目标应该是追求整个社会内部机制的生态化，建设一个生态社会。

（五）生态城市中的城市生态系统的运行机制

生态城市是具有城市生态系统的城市。城市生态系统是由自然再生产过程、经济再生产过程、人类自身再生产过程组成的一个复杂的系统，受各城市地理、空间、位置的限制，其规模、资源和环境特征各异，很难用一个标准来衡量。但有一个共同的原则，就是必须保持系统的健康和协调，具有高效率的物流、能流、人口流、信息流和价值流，具有可持续的生产和消费的能力，具备高度生态文明的生活空间，具有良好的城市生态结构。

生态城市这个社会—经济—自然复合生态系统是以一定的空间地域为基础的，它隶属于更大范围的系统，并不断与之进行信息、物质、能量等多种流的交换，是一个开放系统；各个子系统之间不是简单的因果链关系，而是互相制约、互相推动、错综复杂的非线性关系，而且系统远离热力学的平衡态，因而生态城市是耗散结构。对生态城市来说，实现系统从无序向有序转化的关键不在于热力学平衡不平衡，也不在于离平衡态多远，重要的是保持稳定有序的状态，即使在非平衡状态下。也就是说生态城市的平衡（人与自然的和谐）并不是静态的平衡、绝对的平衡，而是动态的平衡、相对的平衡，即生态城市的运行总是由非平衡—平衡—非平衡—新的平衡的过程，而且"作用力"与"反作用力"保持在可承受的时空范围（生态稳定阈值或门槛）内波动，这种过程从局部、短期看是动荡的、不平衡的，但从整体、长期看，是一种"发展过程的稳定性"，亦即运行的稳定性，这是生态城市运行的本质特征，过程的稳定比暂时的平衡更有生命力。生态城市运行的稳定性是以其各子系统发生"协同作用"为基础的，表现为各系统结构合理，比例恰当且相互间发展协调。由于各子系统协调有序地运转，旧的平衡被打破，通过正、负反馈的交互作用，新的平衡随即形成，使生态城市总是在非平衡中去求得平衡，形成自组织的动态平衡，从而保持持续稳定状态，推动其螺旋式良性协调发展。

可见生态城市追求的"人与自然的和谐"并不是绝对的和谐，而是相对的"有冲突"的和谐，它既包含合作，也包含斗争。阴阳太极图就生动形象地揭示了生态城市构成的本质：阴阳相反而和谐、对立而相容，阴阳两气相互激荡"和而不同"而形成新的和谐体（即老子所谓"万物负阴而抱阳，冲气以为和"）。太极图中的 S 曲线，是一分为二的阴阳双方彼此依存、制约、消长、转化的动态展现，由此曲线划分的阴阳双方，互补共生，相反而又相成，象征生态城市运行所遵循的对立而和谐的法则。这才是生态城市和谐的本质。

生态城市总是处于不断的运行之中，而且随着社会的进步也不断发展，但能保持稳定有序状态、持续协调发展，这种良性运行、"进化"需要以下运行机制：

1. 循环机制

生态城市运行是靠连续的生态流来维持的，生态流的持续稳定即生态流输入输出的动态平衡（包含质和量两个方面）是良性运行的根本保证。尽管生态城市以人的智力作为主要资源，但这并不是说知识经济不消耗自然资源，其基本的物质生产是必须的，而自然系统中的资源、物质是有限的，循环机制强化了生态城市的物质能量，尤其是自然资源的循环利用、回收再生、多重利用，充分提高利用效率，而且各种生态流中的"食物链"又连成没有"因"和"果"、没有"始"和"终"的网环状，保证生态流不会产生耗竭或阻塞或滞留而持续运转。知识生产和信息传递（反馈）同样需要循环机制。

2. 共生机制

共生是不同种的有机体合作共存、互惠互利的现象。在生态城市中，通过共生机制，各系统组分相互作用和协作，形成多样的功能、结构和生态关系，共生作用强。共生导致有序，多样性导致稳定，各系统组分协同进化，相得益彰。

3. 适应机制

生态城市各系统组分间存在着作用与反作用的过程，某一组分给另一组分的影响，反过来另一组分也会影响它。它们相生相克，既有合作、促进，又有斗争、抑制。在生态城市运行中，各系统各组分通过适应机制，进行自我调节，化害为利，变对抗为利用，从而形成一种合力，推动生态城市协调稳定发展。这种适应不是被动的适应，而是发展、进化式的创造过程，着眼于在更高层次上整体功能的完整。

4. 补偿机制

生态城市各系统组分间既有互利又有冲突，当相互间的对抗性超出了适应机制所能调整的范围限度，就需要引入补偿机制进行调节。某一系统组分运转受到抑制或暂时失衡，通过其他系统组分的部分利益作为"代价"进行适时、适地的补偿，以恢复整体正常运转，否则这种失衡将扩大，最终导致整体失调甚至崩溃。补偿机制是化解生态城市运行过程中冲突矛盾，获得社会、经济与自然生态平衡的重要且必要的手段。

三、城市生态承载理论

（一）承载机制概念

从承载力的发展可知，承载力在自然生态系统中是客观存在的，但对于城市这样独特的人工化生态系统是如何呢？在城市生态系统中，城市复杂的社会经济活动是系统的核心，在系统发展过程中，城市社会经济活动需要向城市生态环境索取必要的生存空间、载体以及物质供应。因此，城市社会经济活动表现为主动性，城市生态环境表现为被动性，两者界面之间则表现为压与支撑的关系，这种关系可称之为"承载机制"。

（二）城市承载机制微观作用模型——承载递阶模型

城市生态系统具有四大基本功能，即物质循环、能量流动、信息传递与价值转换，它们是逐层分级进行的：系统原始物质资料（包括外部输入）首先进入工厂加工，转化为产品，这些产品价值经过人们利用后流入到人类社会活动中。同时，此过程的各个环节会不断地产生废弃物质，它们要经过废物处理设施后，最终排入系统环境。按照城市生态系统各要素执行这些功能的先后顺序，我们可绘出城市生态系统承载机制的微观作用模型——承载递阶模型。从中可以看出，城市生态系统承载机制最基本的承载媒体是由水、气、土地等组成的非生物环境，人类及其各种社会经济活动是最终的承载对象，两者之间并非直接相互发生作用的，要经过一些中间环节，这些中间环节既是承载媒体，同时又是承载对象。

（三）城市承载机制宏观表现模型——水桶模型

由承载递阶模型可知，社会经济活动是承载对象，生态环境是最基本的承载载体，这里的生态环境是广义的，按承载作用类型可分为如下两类：其一为资源支持系统，包括矿产资源、水资源、土地资源、森林资源等，它们为维持社会经济活动的正常运转提供最直接的支撑；其二为环境约束系统，包括城市空气、水、生物等，它们用于消化社会经济活动中产生的大量废弃物，表现为约束作用。除此之外，还有一类"软环境"，包括城市科技资源、基础设施、生产效率、系统开放性及物质生产的循环程度等，它们尽管表观上更像城市社会经济活动的一部分，但对城市社会经济活动的发展分别起到支撑与约束作用。为形象体现城市生态系统中资源支持与环境约束系统的承载机制，我们提出了系统承载机制宏观表现模型——水桶模型，由于资源支持系统对城市社会经济活动有直接的支撑作用，我们可将其看作为水桶的桶底，而环境约束系统对城市社会经济活动具有约束作用，我们将其看作为桶壁，而城市的社会经济活动则可视为桶中的水。城市生态系统要想持续、稳定地发展，必须有持续、稳定的资源支持，还必须有足够的环境容量来消化社会经济活动中所排放的污染物质。由此可以看出，城市生态系统的承载机制所反映的是城市社会经济与城市生态环境相互作用的界面特征，是研究资源支持系统、环境约束系统与社会经济活动三者协调性以及城市生态环境对社会经济活动供容能力的一个判据。

第二章　环境保护概述

第一节　环境基础知识

一、环境的概念

环境是相对于中心事物而言的，是相对于主体的客体。环境是指影响人类生存和发展的各种天然的和经过人工改造的自然因素的总体，包括大气、水、海洋、土地、矿藏、森林、草原、野生生物、自然遗迹、人文遗迹、风景名胜区、自然保护区、城市和乡村等。

在环境科学领域，环境的含义是以人类社会为主体的外部世界的总体。按照这一定义，环境包括了已经为人类所认识的直接或间接影响人类生存和发展的物理世界的所有事物。它既包括未经人类改造过的众多自然要素，如阳光、空气、陆地、天然水体、天然森林和草原、野生生物等等；也包括经过人类改造过和创造出的事物，如水库、农田、园林、村落、城市、工厂、港口、公路、铁路等等。它既包括这些物理要素，也包括由这些要素构成的系统及其所呈现的状态和相互关系。

环境是人类进行生产和生活的场所，是人类生存和发展的物质基础。人类对环境的改造不像动物那样，只是以自己的存在来影响环境，用自己的身体来适应环境，而是以自己的劳动来改造环境，把自然环境转变为新的生存环境，而新的生存环境再反作用于人类。在这一反复曲折的过程中，人类在改造客观世界的同时也改造着自己，人类的生存环境不是从来就有的，它的形成经历了一个漫长的发展过程。赖以生存的环境，就是这样由简单到复杂、由低级到高级发展而来的。它既不是单纯地由自然因素构成，也不是单纯地由社会因素构成。它凝聚着自然因素和社会因素的交互作用，体现着人类利用和改造自然的性质和水平，影响着人类的生产和生活，关系着人类的生存和健康。

　　人类对自然的利用和改造的深度和广度，在时间上是随着人类社会的发展而发展的，在空间上是随着人类活动领域的扩张而扩张的。虽然，迄今为止，人类主要还是居住于地球表层，但有人根据月球引力对海水的潮汐有影响的事实，提出月球能否视为人类生存环境的问题。现阶段没有把月球视为人类的生存环境，任何一个国家的环境保护法也没有把月球规定为人类的生存环境，因为它对人类的生存和发展影响很小，但是，随着宇宙航行和空间科学技术的发展，总有一天人类不但要在月球上建立空间实验站，还要开发利用月球上的自然资源，使地球上的人类频繁往来于月球与地球之间。到那时，月球当然就会成为人类生存环境的重要组成部分。所以，人们要用发展的、辩证的观点来认识环境。

二、环境的分类和组成

（一）环境的分类

　　环境是一个庞大而复杂的体系，人们可以从不同的角度或不同的原则，按照人类环境的组成和结构关系将它进行不同的分类。

　　按照环境的范围大小，可把环境分为特定的空间环境、车间环境、生活区环境、城市环境、区域环境、全球环境和星际环境等。

　　按照环境的要素，可把环境分为大气环境、水环境、土壤环境、生物环境和地质环境等。

　　按照环境的功能，可把环境分为生活环境和生态环境。

　　按照环境的主体，可以分为两种体系：一种是以生物体（界）作为环境的主体，而把生物以外的物质看成环境要素（在生态学中往往采用这种分类方法）；另一种是以人或人类作为主体，其他的生物和非生命物质都被视为环境要素，即环境指人类生存的氛围。在环境科学中采用的就是第二种分类方法，即趋向于按环境要素的属性进行分类，把环境分为自然环境和社会环境两种。自然环境是社会环境的基础，而社会环境又是自然环境的发展。自然环境是指环绕人们周围的各种自然因素的总和，如大气、水、植物、动物、土壤、岩石矿物、太阳辐射等。自然环境是人类赖以生存的物质基础。通常把这些因素划分为大气圈、水圈、生物圈、土壤圈、岩石圈五个自然圈。人类是自然的产物，而人类的活动又影响着自然环境。社会环境是指人类在自然环境的基础上，为不断提高物质和精神文化生活水平，通过长期有计划、有目的的发展，逐步创造和建立起来的高度人工化的生存环境，即由于人类活动而形成的各种事物。

（二）环境的组成

人类的生存环境，可由近及远、由小到大地分为聚落环境、地理环境、地质环境和星际环境，形成一个庞大的多级谱系。

1. 聚落环境

聚落是人类聚居的场所、活动的中心。聚落内及其周边生态条件，成为聚落人群生存质量、生活质量和发展条件的重要内容。聚落及其周围的地质、地貌、大气、水体、土壤、植被及其所能提供的生产力潜力，聚落与外界交流的通达条件等，直接影响着区域内居民的健康、生活保障和发展空间。聚落的形成及其在不同地区、不同民族所表现的不同模式，是人、地关系和区域社会经济历史演化的结果。聚落环境也就是人类聚居场所的环境，它是与人类的工作和生活关系最密切、最直接的环境，人们一生大部分时间是在这里度过的，因此历来对此都十分关注和重视。

聚落环境根据其性质、功能和规模可分为院落环境、村落环境、城市环境等。

（1）院落环境

院落环境是由一些功能不同的建筑物和与其联系在一起的场院组成的基本环境单元，如我国西南地区的竹楼、内蒙古草原的蒙古包、陕北的窑洞、北京的四合院、机关大院以及大专院校等。院落环境的结构、布局、规模和现代化程度是很不相同的，因而，它的功能单元分化的完善程度也是很悬殊的。院落环境是人类在发展过程中适应自己生产和生活的需要，而因地制宜创造出来的。

院落环境在保障人类工作、生活和健康，促进人类发展中起到了积极的作用，但也相应地产生了消极的环境问题，其主要污染源来自生活"三废"（废气、废水、废渣）。院落环境污染量大面广，已构成了难以解决的环境问题，如千家万户的油烟排放、每年秋季的秸秆焚烧，导致附近大气污染。所以，在今后聚落环境的规划设计中，要加强环境科学的观念，以便在充分考虑到利用和改造自然的基础上，创造出内部结构合理并与外部环境协调的院落环境。目前，提倡院落环境园林化，在室内、室外、窗前、房后种植瓜果、蔬菜和花草，美化环境，净化环境，调控人类、生物与大气之间的二氧化碳与氧气平衡，这样就把院落环境建造成一个结构合理、功能良好、物尽其用的人工生态系统。

（2）村落环境

村落主要是农业人口聚居的地方。由于自然条件的不同，以及农、林、牧等农业活动的种类、规模和现代化程度的不同，所以，无论是从结构、形态、规模上，还是从功能上来看，村落的类型都是多种多样的，如有平原上的农村、海滨湖畔的渔村、深山老林的山村等，因而，它所遇到的环境问题也是各不相同的。

村落环境的污染主要来源于农业污染及生活污染源。特别是农药、化肥的使用和污染有日益增加和严重的趋势，影响农副产品的质量，威胁人们的健康，甚至有急性中毒而致死的。因此，必须加强农药、化肥的管理，严格控制施用剂量、时机和方法，并尽量利用综合性生物防治来代替农药防治，用速效、易降解农药代替难降解的农药，尽量多施用有机肥，少用化肥，提高施肥技术和效果。总之，要开展综合利用，使农业和生活废弃物变废为宝，化害为利，发挥其积极作用。除此之外，生产方式的变迁（潜在因素）也是造成村落环境污染的原因之一。城市化的浪潮席卷农村之后，为村民提供了更广阔的就业空间和多样的谋生手段，大部分年轻的村民都去城区打工，村中只剩下留守儿童和老人。有的田地开始荒芜，且相当一部分村民在原来的田地上建造了房屋，水土得不到很好保持。自来水的推广和普及，使得河水以饮用为主的功能被替代，水体"饮用"功能不断退化。村民维护水和土地的意识不断减弱，面对经济效益的诱惑，个别村民以牺牲环境来维持生计。农村对污染企业具有诸多"诱惑"：一是农村资源丰富，一些企业可以就地取材，成本低廉；二是使用农村劳动力成本很低，像"小钢铁""小造纸"这样的一些污染企业，落户农村后，一般都以附近村民为主要用工对象；三是农村地广人稀，排污隐蔽。因此，近年来大部分污染企业开始进驻农村，村落环境成了污染企业的转移地。

（3）城市环境

城市环境是人类利用和改造环境而创造出来的高度人工化的生存环境。城市是随着私有制及国家的出现而出现的非农业人口聚居的场所。随着资本主义社会的发展，城市更加迅速地发展起来，特别是20世纪五六十年代，世界性城市化日益加速进行。所谓城市化就是农村人口向城市转移，城市人口占总人口的比率变化的趋势增大。

城市是人类在漫长的实践过程中，通过对自然环境的适应、加工、改造、重新建造的人工生态系统。如今，世界上有约80%的人口都居住在城市。城市有现代化的工业、建筑、交通、运输、通信联系、文化娱乐设施及其他服务行业，为居民的物质和文化生活创造了优越条件，但也因人口密集、工厂林立、交通频繁等，而使环境遭受严重的污染和破坏，威胁人们安全、宁静而健康的工作和生活。城市化对环境的影响有以下几个方面：

①城市化对水环境的影响

第一，对水质的影响。主要指生活、工业、交通、运输以及其他服务行业对水环境的污染。在18世纪以前，以人畜生活排泄物和相伴随的细菌、病毒等的污染为主，常常导致水质恶化、瘟疫流行。18世纪以后，随着近代大工业的发展，工业"三废"日益成为城市环境的主要污染源。

第二，对水量的影响。城市化增加了房屋和道路等不透水面积和排水工程，特别是暴雨排水工程，从而减少渗透，增加流速，地下水得不到地表水足够的补给，破坏了自然界的水分循环，致使地表总径流量和峰值流量增加，滞后时间（径流量落后于降雨量的时间）缩短。城市化不仅影响到洪峰流量增加，而且也导致频率增加。城市化将增加耗水量，往往导致水源枯竭、供水紧张。地下水过度开采，常造成地下水面下降和地面下沉。

②城市化对大气环境的影响

第一，城市化使城市下垫面的组成和性质发生了根本性变化。城市的水泥、沥青路面，砖瓦建筑物以及玻璃和金属等人工表面代替了土壤、草地、森林等自然地面，改变了反射和辐射面的性质及近地面层的热交换和地面的粗糙度，从而影响了大气的物理状况，如气温、云量、雾量等。

第二，城市化改变了大气的热量状况。城市消耗大量能源，释放出大量热能集中于局部范围内，大气环境接受的这些人工热能，接近甚至超过它从太阳和天空辐射所接受的能量，从而对大气产生了热污染。城市的市区比郊区及农村消耗较多的能源，且自然表面少，植被少，从而吸热多而散热少。另外，空气中经常存在大量的污染物，它们对地面长波辐射吸收和反射能力强，造成城市"热岛效应"。"热岛效应"的产生使城市中心成为污染最严重的地方。随着人们生产、生活空间向地下延伸，热污染也随之进入地下，使地下也形成一个"热岛"。

第三，城市化大量排放各种气体和颗粒污染物。这些污染物会改变城市大气环境的组成。一般说来，在工业时代以前，城市燃料结构以木柴为主，大气主要受烟尘污染，18世纪进入工业时代以来，城市燃料结构逐渐以煤为主，大气受烟尘、SO_2 及工业排放的多种气体污染较重，进入20世纪后半叶以来，城市中工业及交通运输以矿物油作为主要能源，大气受 CO_2、NO_2、CH、光化学烟雾和 SO_2 污染日益严重。由于城市气温高于四周，往往形成城市"热岛"。城市市区被污染的暖气流上升，并从高层向四周扩散；郊区较新鲜的冷空气则从底层吹向市区，构成局部环流。这样加强了城区与郊区的气体交换，但也在一定程度上使污染物囿于此局部环流之中，而不易向更大范围扩散，常常在城市上空形成一个污染物幕罩。

③城市化对生物环境的影响

城市化严重地破坏了生物环境，改变了生物环境的组成和结构，使生产者有机体与消费者有机体的比例不协调。特别是近代工商业大城市的发展，往往不是受计划的调节，而是受经济规律的控制，许多城市房屋密集、街道交错，到处是水泥建筑和柏油路面，几乎完全消除了森林和草地，除了熙熙攘攘的人群，几乎看不到其他的生命，被称为"城市荒漠"。尤其在闹市区，高楼夹峙，街道深陷，形如峡谷，更给人以压抑之感，美国纽约的曼哈顿（Manhattan）峡谷式街道就是典型的例子，日本东京在发展中绿地也大量减少。森林和草地消失，公用绿地面积减少，野生动物群在城市中消失，鸟儿也很少见，这些变化使生态系统遭到破坏，影响了碳、氧等物质循环。城市不透水面积的增加，破坏了土壤微生物的生态平衡。

④城市化噪声污染

盲目的城市化过程还造成震动、噪声、微波污染、交通紊乱、住房拥挤、供应紧张等一系列威胁人们健康和生命安全的环境问题。噪声污染是我国的四大公害之一。尤其是近些年随着城市规模的发展，交通运输、汽车制造业迅速发展，城市噪声污染程度迅速上升，已成为我国环境污染的重要组成部分。据不完全统计，我国城市交通噪声的等效声级超过70dB（A）的路段达70%，有60%的城市面积噪声超过55dB（A）。

我国本着"工农结合，城乡结合，有利生产，方便生活"的原则，努力控制大城市，积极发展中、小城市。在城市建设中，首先是确定其功能，指明其发展方向；其次是确定其规模，以控制其人口和用地面积，然后确定环境质量目标，制定城市环境规划，根据地区自然和社会条件合理布置居住、工业、交通、运输、公园、绿地、文化娱乐、商业、公共福利和服务等项事业，力争形成与其功能相适应的最佳结构，以保持整洁、优美、宁静、方便的城市生活和工作环境。

2. 地理环境

地理环境是能量的交错带，位于地球表层，即岩石圈、水圈、土壤圈、大气圈和生物圈相互作用的交错带上，其厚度约10~30km，包括了全部的土壤圈。

地理环境具有三个特点：①具有来自地球内部的内能和主要来自太阳的外部能量，并彼此相互作用；②它具有构成人类活动舞台和基地的三大条件，即常温常压的物理条件、适当的化学条件和繁茂的生物条件；③这一环境与人类的生产和生活密切相关，直接影响着人类的饮食、呼吸、衣着和住行。由于地理位置不同，地表的组成物质和形态不同，水、热条件不同，地理环境的结构具有明显的地带性特点。因此，保护好地理环境，就要因地制宜地进行国土规划、区域资源合理配置、结构与功能优化等。

3．地质环境

地质环境主要是指地表以下的坚硬壳层，即岩石圈。地质环境是地球演化的产物。岩石在太阳能作用下的风化过程，使固结的物质解放出来，参加到地理环境中去，参加到地质循环以至星际物质大循环中去。

如果说地球环境为人类提供了大量的生活资料、可再生的资源，那么，地质环境则为人类提供了大量的生产资料、丰富的矿产资源。目前，人类每年从地壳中开采的矿石达4亿立方千米，从中提取大量的金属和非金属原料，还从煤、石油、天然气、地下水、地热和放射性等物质中获取大量能源。随着科学技术水平的不断提高，人类对地质环境的影响也更大了，一些大型工程直接改变了地质环境的面貌，同时也是一些自然灾害（如山体滑坡、山崩、泥石流、地震、洪涝灾害）的诱发因素，这是值得引起高度重视的。

4．星际环境

星际环境是指地球大气圈以外的宇宙空间环境，由空间、各种天体、弥漫物质以及各类飞行器组成。星际环境好像距我们很遥远，但是它的重要性却是不容忽视的。地球属于太阳系的一个成员，我们生存环境中的能量主要来自太阳辐射，我们居住的地球距太阳不近也不远，正处于"可居住区"之内，转动得不快也不慢，轨道离心率不大，致使地理环境中的一切变化既有规律又不过度剧烈，这些都为生物的繁茂昌盛创造了必要的条件。迄今为止，地球是我们所知道的唯一有人类居住的星球。我们如何充分有效地利用这种优越条件，特别是如何充分有效地利用太阳辐射这个既丰富又洁净的能源，在环境保护中是十分重要的。

第二节　环境问题

一、环境问题及其分类

（一）环境问题的概念

所谓环境问题是指由于人类活动作用于周围环境，引起环境质量变化，这种变化反过来对人类的生产、生活和健康产生影响的问题。

（二）环境问题的分类

按照环境问题的影响和作用来划分，有全球性的、区域性的和局部性的不同等级。其中，全球性的环境问题具有综合性、广泛性、复杂性和跨国界的特点。

按照引起环境问题的根源划分，可以将环境问题分为两大类：一类是自然原因引起的，称为原生环境问题，又称第一环境问题，它主要是指地震、海啸、洪涝、干旱、风暴、崩塌、滑坡、泥石流、台风、地方病等自然灾害；另一类由人类活动引起的环境问题称为次生环境问题，也称第二环境问题。第二环境问题又可分为以下两类：

第一类是由于人类不合理开发利用自然资源，超出环境承载力，使生态环境质量恶化或自然资源枯竭的现象。也就是说，人类活动引起的自然条件变化，可影响人类生产活动。如森林破坏、草原退化、沙漠化、盐渍化、水土流失、水热平衡失调、物种灭绝、自然景观破坏等。其后果往往需要很长时间才能恢复，有的甚至不可逆转。

第二类是由于人口激增、城市化和工农业高速发展引起的环境污染和破坏，具体是指有害的物质，以工业"三废"为主对大气、水体、土壤和生物的污染。环境污染包括大气污染、水体污染、土壤污染、生物污染等由物质引起的污染和噪声污染、热污染、放射性污染或电磁辐射污染等物理性因素引起的污染。这类污染物可毒化环境，危害人类健康。

二、环境问题的产生及根源

（一）环境问题产生的原因

环境问题产生的原因主要有三个方面：

1. 由于庞大的人口压力

庞大的人口基数和较高的人口增长率，对全球特别是一些发展中国家，形成巨大的人口压力。人口持续增长，对物质资料的需求和消耗随之增多，最终会超出环境供给资源和消化废物的能力进而出现种种资源和环境问题。

2. 由于资源的不合理利用

随着世界人口持续增长和经济迅速发展，人类对自然资源的需求量越来越大，而自然资源的补给、再生和增殖是需要时间的，一旦利用超过了极限，要想恢复是困难的。特别是不可再生资源，其蕴藏量在一定时期内不再增加，对其开采过程实际上就是资源的耗竭过程。当代社会对不可再生资源的巨大需求，更加剧了这些资源的耗竭速度。在广大的贫困落后地区，由于人口文化素质较低，生态意识淡薄，人们长期采用有害于环境的生产方法，而把无污染技术和环境资源的管理置之度外，如不顾环境的影响，盲目扩大耕地面积。

3. 片面追求经济的增长

传统的发展模式关注的只是经济领域活动，其目标是产值和利润。在这种发展观的支配下，为了追求最大的经济效益，人们认识不到或不承认环境本身所具有的价值，采取了以损害环境为代价来换取经济增长的发展模式，其结果是在全球范围内相继造成了严重的环境问题。

（二）环境问题产生的根源

从环境问题产生的主要原因可以看出，环境问题是伴随着人口问题、资源问题和发展问题而出现的，这四者之间是相互联系、相互制约的，从本质上看，环境问题是人与自然的关系问题。在人与自然的矛盾中，人是矛盾的主要方面，因而也是环境问题的最终根源。因此，分析环境问题的根源应该从人着手。环境问题主要来自三大根源：一是发展观根源；二是制度根源；三是科技根源。

1. 发展观根源

指环境问题的产生，是由于人们用不正确的指导思想来指导发展造成的。长期以来，人们在发展观上有个误区，认为单纯的经济增长就等于发展，只要经济发展了，就有足够的物质手段来解决各种政治、社会和环境问题。20世纪六七十年代，西方各国流行把"发展"等同于"经济发展"思想。然而事实却非完全如此。很多国家的发展历程已经表明，如果社会发展不协调，环境保护不落实，经济发展将受到更大制约，因为经济发展取得的部分效益是在增加以后的社会发展代价。很多人认为中国可以仿效发达国家，走"先发展后治理"的老路。但中国的人口资源环境结构比发达国家紧张得多，发达国家能在人均8 000~10 000美元时着手改善环境，而我国很可能在人均3 000美元时提前面对日趋严重的环境问题，多年改革开放所积累的经济成果将有很大一部分消耗在环境污染治理上。而如果以"和谐发展观"作为指导，在发展过程中注重人与社会、人与自然、社会与自然的和谐发展，则既能兼顾经济发展的短期和长期效益，又能减少环境问题的产生。从这个意义上说，不正确的发展观和发展观的误区是产生环境问题的第一根源。

2. 制度根源

指环境问题的产生，是由于环境制度的失败造成的。环境问题之所以产生，就是由于人们生产和消费行为的不合理，而人们生产和消费行为的不合理，是由于没有完善的制度来规范人们的行为和职责。环境制度的失败主要表现在四个方面：一是重污染防治，轻生态保护，即预防污染的法规多，生态保护的法规少；二是重点源治理，轻区域治理，即忽视环境的整体性，头痛医头、脚痛医脚；三是重浓度控制，轻总量控制，即按照制度标准控制排放浓度的限值，而忽视污染物的总排放量；四是重末端控制，轻全过程控制，即重视控制经济活动的污染后果，而轻视经济活动过程中的污染排放。由此可见，制度的不完善或不合理是环境问题产生的根源之一。

3. 科技根源

指环境问题的产生，是由于科学技术的负面作用而引起的。科技的发展在给人类的生产、生活带来极大便利的同时也不断地暴露其负面效应。农药可以预防害虫，也可以使食物具有毒性；塑料袋方便人们拎提物品，也会造成白色污染；电脑方便人们快速地传递信息，也辐射着人们的皮肤；核能能为人们发电，也可以成为毁灭人类的致命武器。从环境污染角度来看，现代社会的重大环境问题都直接和科技有关。资源短缺直接与现代化机器大规模开发有关，生态破坏直接与森林砍伐和捕猎有关，大气污染和水源污染直接和现代的工厂、汽车、火车、轮船等排放的污染物有关。因此，科技的负面作用也是当今环境问题产生的重要根源之一。

三、当代环境问题

环境是人类的共同财富，人和环境的关系是密不可分的，人类赖以生存和生活的客观条件是环境，脱离了环境这一客体，人类将成为无源之水、无本之木，根本无法生存，更谈不上发展。一方水土养一方人，这是人类生存的基本原则。早在 20 世纪 80 年代初，全球变暖、臭氧层空洞及酸雨三大全球性环境问题已初露端倪。进入 90 年代地球荒漠化、海洋污染、物种灭绝等环境问题更是突破了国界，成为影响全人类生存的重大问题。21 世纪全球主要环境问题有以下几方面：

（一）温室效应

大气中含有微量的二氧化碳，二氧化碳有一个特性，就是对于来自太阳的短波辐射"开绿灯"，允许它们通过大气层到达地球表面。短波辐射到达地面后，会使地面温度升高。地面温度升高后，就会以长波辐射的形式向外散发热量。而二氧化碳对于来自地面的长波辐射则能吸收，不让其通过，同时把热量以长波辐射的形式又反射给地面。这样就使热量滞留于地球表面。这种现象类似于玻璃温室的作用，所以称为温室效应。能产生温室效应的气体还有甲烷、氯氟烃等。

大气温室效应并不是完全有害的，如果没有温室效应，那么地球的平均表面温度，就不是现在的 15℃，而是 -18℃，人类的生存环境将极为恶劣，不适宜人类的生存。但是，人类大量燃烧矿物燃料，如煤、石油、天然气等，向大气排放的二氧化碳越来越多，使温室效应不断加剧，从而使全球气候变暖，目前，人类由于燃烧矿物燃料向大气排放的二氧化碳每年高达 65 亿吨。中国是排放二氧化碳的第二大国，因此，中国对目前的温室效应具有重大的贡献。温室效应最主要的危害就是导致南北两极的冰盖融化，而冰盖融化以后会导致海平面上升。据科学家预测，如果人类对二氧化碳的排放不加限制，到 2100 年，全球气温将上升 2～5℃，海平面将升高 30～100cm，由此会带来灾难性后果。海拔低的岛屿和沿海大陆就会葬身海底，如上海、纽约、曼谷、威尼斯等许多大城市可能被海水淹没而成为"海底城市"。

现在人类排放的二氧化碳总量在大气层中越积越多，已是不容置疑的事实。据观测，近一个世纪以来，全球平均地面气温确实上升了，上升了 0.3～0.6℃，尤其是自 20 世纪 80 年代以来特别明显。二氧化碳在大气中的积累肯定会导致全球变暖。如果人类不及早采取措施，不防患于未然，将会后患无穷。

（二）臭氧层空洞

1985 年，英国的南极考察团首次发现南极上空的臭氧层有一个空洞，当时轰动了世界，也震动了科学界。臭氧层空洞成为当时的热点话题。所谓"臭氧层空洞"是指由于人类活动而使臭氧层遭到破坏而变薄。

在太阳辐射中有一部分是紫外线，它对生物有很大的杀伤力，医学上用紫外线杀菌。在距地表 20～30km 的高空平流层有一层臭氧层，它吸收了 99% 的紫外线，就像一层天然屏障，保护着地球上的万物生灵，使它们免受紫外线的杀伤。因此，臭氧层也被誉为地球的保护伞。近年来，科学家又进行调查，发现全球的臭氧层都不同程度地遭到破坏。南极上空的臭氧层破坏最为明显，有一个相当于北美洲面积大小的空洞。

臭氧层空洞会导致到达地面的紫外线辐射增强，人类皮肤癌的发病率大幅度上升。臭氧层破坏最受发达国家的关注，因为发达国家大都是白种人，他们的皮肤癌发病率特别高。另外，紫外线辐射过度还会导致白内障。科学家发现臭氧层中的臭氧每减少 1%，紫外线辐射将增加 2%，皮肤癌发病率将会增加 7%，白内障的发病率将会增加 0.6%。紫外线辐射增强不仅影响人类的健康，还会影响农作物、海洋生物的生长繁殖。现在科学家已经找到了破坏臭氧层的罪魁祸首，那就是氟氯烃类化合物。自然界中是没有这种物质的。它被发明于 20 世纪 30 年代，作为制冷剂、灭火剂、清洗剂等，广泛用于化工制冷设备，如使用的空调、冰箱、发胶、喷雾剂等商品里面都含有氟氯烃。氟氯烃进入高空之后，在紫外线的照射下激化，就会分解出氯原子，氯原子对臭氧分子有很强的破坏作用，把臭氧分子变成普通的氧分子。人类万万没有想到，氟氯烃在造福人类的同时会跑到天上去"闯祸"。

（三）酸雨

酸雨是 20 世纪 50 年代以后才出现的环境问题。现在全世界有三大酸雨区：欧洲、北美和中国长江以南地区。随着工业生产的发展和人口的激增，煤和石油等化石燃料的大量使用是产生酸雨的主要原因。化石燃料中都含有一定量的硫，如煤一般含硫 0.5% ~ 5%，汽油一般含硫 0.25%。这些硫在燃烧过程中 90% 都被氧化成二氧化硫而排放到大气中。据估计，现全世界每年向大气中排放的二氧化硫约 1.5 亿吨。其中，燃煤排放约占 70% 以上，燃油排放约占 20%，还有少部分是由有色金属冶炼和硫酸制造排放的。人类排放的二氧化硫在空气中可以缓慢地转化成三氧化硫。三氧化硫与大气中的水汽接触，就生成硫酸。硫酸随雨雪降落，就形成酸雨。

酸雨是指 pH 值小于 5.6 的雨雪。一般正常大气降水含有碳酸，呈弱酸性，pH 值小于 7 而大于 5.6。但由于二氧化硫的大量排放，使雨雪中含有较多的硫酸，使降水的 pH 值小于 5.6，就形成了酸雨。

酸雨对生态环境的危害很大，可以毁坏森林，使湖泊酸化。如"千湖之国"的芬兰，已酸化的湖泊达到 1.3 万多个；另外，加拿大也有 1 万多个湖泊由于酸雨的危害成为死湖，生物绝迹。酸雨还会腐蚀建筑物、雕塑。例如，北京的故宫、英国的圣保罗大教堂、雅典的卫城、印度的泰姬陵，都在酸雨的侵蚀下受到危害。酸雨的危害也是跨国界的，常常引起国与国之间的酸雨纠纷。

酸雨污染已成为我国非常严重的一个环境问题。目前，我国长江以南的四川、贵州、广东、广西、江西、江苏、浙江已经成为世界三大酸雨区之一，酸雨区已占我国国土面积的 40%。贵州是酸雨污染的重灾区，全区 1/3 的土地受到酸雨的危害，省城贵阳出现酸雨的频率几乎为 100%。其他主要大城市的酸雨频率也在 90% 以上。降水的 pH 值常为 3 点多，有时甚至为 2 点多。我国著名的雾都重庆，雾也变成了酸雾，对建筑物和金属设施的危害极大。四川和贵州的公共汽车站牌，几乎全都是锈迹斑斑，都是酸雨造成的。另外，酸雨还会使农作物减产。

（四）土地沙漠化

土地沙漠化是世界性的环境问题，沙漠化已经影响到了100多个国家和地区。地球上的沙漠在以一种惊人的速度扩展。据联合国环境规划署的统计，现在每年有600万公顷的土地变为沙漠。现在世界各地都是沙进人退，土地不断被蚕食。科学家们呼吁，如果人类再不制止沙漠化，半个地球将成为沙漠。

本来沙漠是气候干旱的产物，像北非的撒哈拉、西亚的一些大沙漠，那些地方的降水量很少。在半干旱地区和湿润地区是不应该出现沙漠化的，因为沙漠化是干旱的产物，在半干旱地区应该是草原景观。但是现在半干旱和半湿润地区也出现了大片的沙漠。例如，我国的内蒙古和陕西交界处的毛乌素沙地。当地的降水量并不少，在汉朝的时候这里还是水草肥美的大草原，可是现在已经变成了一个大沙漠。其实引起沙漠化的罪魁祸首就是我们人类自己。沙漠化是自然界对人类破坏环境的"报复"。在沙漠的外围是半干旱地区的草原，生态环境是比较脆弱的，稍加破坏，生态平衡就会被打破，就会出现沙漠化的现象。人类在沙漠的外围过度放牧，会破坏草原的植被，使草原不断地退化，从而变成沙漠。我国是世界上沙漠化危害严重的国家之一，有1/7的国土被沙漠覆盖，有1/3的国土受到风沙的危害。现在我们国家的沙漠在以每年2 000km^{2}的速度扩展，也就是说平均每天有500hm^{2}的土地被沙漠吞食。据观测，1 000多年来，我国西北部的沙漠已经向南推进了100多千米。20多座有文字可查的历史名城像楼兰都被淹没在沙漠之下，我们现在只能从这些古城的断壁残垣去推断它们过去曾经有过的繁荣。

（五）森林面积减少

森林可以说是人类的摇篮，人类的祖先正是从森林里走出来的。由于人类对森林的过度采伐，现在世界上的森林资源在迅速地减少。据联合国粮农组织的统计，现在全世界每年就有1 200万hm^{2}的森林消失，就是说平均每分钟就有20hm^{2}的森林消失。

现在全世界森林锐减的地区都是在发展中国家。由于贫困所迫，不得已用宝贵的森林资源换取外汇，如印度尼西亚、菲律宾、泰国等东南亚国家，出口木材是它们外汇收入的一大来源，只要能挣到钱，就不会去保护森林资源。日本是世界上第六大木材消费国，然而很少砍伐自己的森林，现在日本的森林覆盖率是70%左右。它们从东南亚进口大量的木材，每年约1亿吨。虽然说日本的森林保护得很好，可是东南亚地区的森林以每年几百万公顷的速度减少。森林锐减除了砍伐森林之外，另一个原因就是在"亚非拉"的一些发展中国家大约有 20 多亿农村人口，他们是用木柴作为生活燃料。为了得到薪柴，他们年复一年地砍树，最后连草皮也不放过。森林锐减的第三个原因就是毁林开荒。沿着长江三峡从重庆到湖北宜昌，沿岸的山几乎都是秃的。由于人多地少，当地农民把坡度很陡的山坡都开垦为耕地。按规定坡度在 25°以上就不能作为耕地了，必须退耕还林。但是当地农民一方面是愚昧，另一方面是人口太多，他们在坡度很陡的，甚至 50°以上的地方耕种。我们国家的森林覆盖率约 13%，低于世界大多数国家，处于第 120 位，我国的人均值仅为世界的 1/6。由于长期以来的过量采伐，我国很多著名的林区森林资源都濒临枯竭，例如长白山、大兴安岭、小兴安岭、西双版纳、海南岛、神农架等林区，有些地方已经变成了荒山秃岭。森林资源的减少，对人类的危害是严峻的，可以加剧土壤侵蚀，引起水土流失，不但改变了流域上游的生态环境，同时加剧了河流的泥沙量，使得河流河床抬高，增加洪水水患。

（六）物种灭绝与生物多样性锐减

生态系统是由多种生物物种组成的，生物物种的多样性是生态系统成熟和平衡的标志。当自然灾害或人类行为阻碍了生态系统中能量流通和物质循环，就会破坏生态平衡，导致生物物种的减少。

在地球的历史上，由于自然环境的变迁，发生过 5 次大规模的物种灭绝。其中，在 6 500 万年前的中生代末期，地球上不可一世的庞然大物恐龙灭绝了，这是一次大规模的物种灭绝。目前，地球正在经历着第六次大规模的物种灭绝。这一次同前几次物种灭绝不同的是导致这场悲剧的正是人类自己。由于人类对野生生物的狂捕滥杀，对生态环境的污染和破坏，使得地球上越来越多的物种已经或正在遭到灭顶之灾，如亚洲的老虎、大象，非洲的犀牛数量都在锐减或濒临灭绝。据科学家估计，地球上生物大约有 3 000 万种，被人类所发现和鉴定的大约有 150 万种，也就是说，现在地球上很多物种还没有被人类发现。在交通不便人迹罕至的热带雨林地区，如巴西的亚马孙森林、东南亚印尼的热带雨林等人类很难深入进去，那些地区又是物种资源的宝库，很多物种还没有被人类发现。由于人类对生态环境的破坏，大量砍伐热带雨林，可能有很多物种还没有被人类发现和鉴定，就已经从我们地球上灭绝了。这种情况是非常惊人的，原来生存于我国的招鼻羚羊、野马、犀牛、野羊等野生动物在我国已经绝迹了；另外，华南虎、白金貉、亚洲象、双峰驼、黑冠长臂猿等野生动物也都面临灭绝的威胁。如华南虎以前在我国南方数量很多，据科学家调查，现在只剩下30～40只，可以说是危在旦夕。这一数量已经不足以使这个种群再延续下去了。再如，生活在长江内的白鳖豚是一种淡水豚类，据调查，其数量只有20多头，如果再不保护，也会在地球上永远消失。因此，华南虎、白鳖豚都已被列为我国的一级保护动物。由于我国国民的环境意识很差，饮食文化又很发达，食用野生动物很兴盛，在很多餐馆里穿山甲、娃娃鱼等二类保护动物，甚至一些一类保护动物都成了美味佳肴。人类对动物的保护意识很淡薄，如果这些动物不加以保护，在未来这些野生动物在地球上就绝迹了。物种的不断灭绝，将会导致生态的不平衡或食物链的破坏，这种危害是人类所无法估计的。

（七）水环境污染与水资源危机

地球表面有71%的面积被水覆盖。可是就在居住的这个“水球”上，水资源危机却愈演愈烈，现在全世界很多地方都在闹水荒。那么这个“水球”为什么会闹水荒呢？在许多人看来水资源是取之不尽、用之不竭的。但地球上的水资源虽然很丰富，但其中97.5%的水属于咸水，只有2.5%的水是淡水。而且这2.5%中，70%被冻结在南北两极。因此，全球水资源只有不到1%可供人类使用，而且这有限的淡水资源在地球上的分布很不平衡。随着经济发展和人口激增，人类对水的需求量越来越大。现在全世界对水消耗的增长率超过了人口增长率。早在1973年召开的联合国水资源会议上，科学界就向全世界发出警告，水资源问题不久将成为深刻的社会危机，世界上能源危机之后的下一个危机极有可能就是水危机！确实，当人类面临能源危机时，还可以通过核能发电，甚至在大海里还可以有核聚变的能源，可以利用太阳能、潮汐能。也就是说，在一种能源发生危机时，我们可以找到替代能源但若水资源发生危机了，有什么能替代水吗？没有，到目前为止，还没有一种物质能够替代淡水的作用。

（八）水土流失

由于人类大规模地破坏森林，使全世界的水土流失异常严重，据联合国环境署的不完全统计数字，全世界每年流失土壤达250亿吨。例如，喜马拉雅山南麓的尼泊尔，是世界上水土流失最严重的国家之一。每到雨季，大量的表土就被洪水冲刷到印度和孟加拉国，使得尼泊尔耕地越来越贫瘠，人民越来越贫困。土壤被带入江河、湖泊，又会造成水库、湖泊的淤积，从而抬高河床，减少水库湖泊的库容，加剧洪涝灾害。因此，我们说森林破坏所造成的生态危害是非常严重的。有些科学家说，森林的生态效益比它的经济效益要大得多，道理也正在于此。

我国水土流失的面积，占国土面积的 1/3，每年流失的土壤高达 50 亿吨，相当于全国的耕地每年损失 1cm 厚的土壤。而自然形成 1cm 厚的土壤，需要 400 年的时间。我国每年由于水土流失所带走的氮、磷、钾营养元素等，相当于一年的化肥产量。水土流失最典型的例子就是黄河流域，黄河之所以称为黄河，就是因为泥沙含量相当高，黄河每年输送的泥沙达 16 亿吨，居世界之冠，这就是由于水土流失造成的。1998 年，我国长江流域发生特大洪涝灾害，其实这一年的雨量并没有超过 1954 年，但灾害的损失远大于 1954 年。其原因之一就是由于水土流失使得河道和蓄洪的水库湖泊严重淤积，降低了防洪能力，使洪水宣泄不畅，加剧了洪涝灾害。据科学家估计，目前灾害中受灾面积和人数增长最快的就是水灾。这显然与水土流失有直接的关系。尽管全世界每年都为防洪工程投入巨额的资金，其实是治标不治本。如果江河上游都是郁郁葱葱的一片青山，那么洪涝灾害将会大大地减少。

（九）城市垃圾成灾

与日俱增的垃圾，包括工业垃圾和生活垃圾，已经成为世界各国都感到棘手的难题。尤其发达国家高消费的生活方式，更使得垃圾泛滥成灾，最典型的就是美国。美国有一个外号是"扔东西的社会"，什么东西都扔。美国是世界上最大的垃圾生产国，每年大约要扔掉旧汽车 1 000 多万辆，废汽车轮胎 2 亿只。我国的城市垃圾量，也在以惊人的速度增长。目前，我国 1 年的生活垃圾量将近 2 亿吨，而这些生活垃圾几乎都没有经过无害化处理。世界上的垃圾无害化处理一般有三种方式：一种是焚烧，用来发电，目前发达国家多采用这一方法；另外一种方法是卫生填埋；还有一种就是堆肥。

垃圾未经处理而集中堆放，不仅占用了耕地，而且污染环境，破坏景观。每刮大风，垃圾中的病原体和微生物等随风而起，污染空气；每逢下雨，垃圾中的有害物质又会随雨水渗入地下，污染地下水。因此，垃圾如果不处理，将会对我们生存环境造成严重的危害。除了占地之外，还屡次发生垃圾爆炸的事件。1994 年 8 月 1 日，湖南省岳阳市就有一座 2 万立方米的大垃圾堆突然发生爆炸，产生的冲击波将 1.5 万吨的垃圾抛向高空，摧毁了垃圾场附近的一座泵房和两道防污水的大堤，具有很大的破坏性。1994 年 12 月 4 日，重庆市也发生了一起严重的垃圾爆炸事件，而且造成了人员伤亡。当时垃圾爆炸产生的气浪把在场工作的 9 名工人全都掩埋，当场死亡 5 人。

近年来人们大量地使用一次性塑料制品，如塑料袋、快餐盒、农用塑料地膜等，这些一次性塑料制品被人随意丢弃，造成严重的白色污染。据估计，目前我国每年产生的塑料垃圾量已经超过 100 万吨，其中仅一次性塑料快餐盒就有 16 亿只。塑料垃圾不像纸张、果皮、菜叶等有机物垃圾这样易于被自然降解。它不能被微生物降解，因此会长时间地留存在自然界中。这种污染是长期的，非常严重。

（十）大气环境污染

我国的城市大气污染非常严重。我国现有 600 多座城市，其中大气质量符合国家一级标准的不到 1%。烟尘弥漫、空气污浊在许多城市已是司空见惯。从 1997 年开始，我国有 20 多座大城市，开始在新闻媒介上发布空气环境质量周报，让大家知道一周内空气质量的情况。北京是从 1997 年 2 月 28 日开始发布空气质量周报的，按照我国的规定，大气质量分为五级，一级是最好，五级为重度污染。北京的空气状况大部分时间是在三级或四级，而且是以四级居多。

我国的城市大气污染之所以如此严重，有以下两个主要原因：

第一，由于我国以煤炭为主要能源，燃煤会排放大量的污染物，如氮氧化物、烟尘等等。我国的能源结构是以煤为主的，冬季采暖要烧煤，工业发电要烧煤，有些地方居民做饭要烧煤，而燃烧大量的煤会给大气造成非常严重的污染。

第二，汽车尾气对空气的污染。现在由于我国城市汽车拥有量越来越多，这一问题也越来越严重。目前，我国的城市汽车保有量每年在以 13% 的速度递增。过去许多城市的空气污染是煤烟型污染，现在也逐渐转变为汽车尾气型污染。汽车尾气中含有许多对人体有毒的污染物，主要有一氧化碳、氮氧化物、铅。人体长期吸入含铅的气体，就会引起慢性铅中毒，主要症状是头疼、头晕、失眠、记忆力减退。儿童对铅污染特别敏感，铅中毒会损伤儿童的神经系统和大脑，造成儿童的智力低下，影响儿童的智商，有时甚至会造成儿童呆傻。

由于大气环境污染，同时带来了一系列其他环境问题，例如，酸雨污染、全球气候变暖、臭氧层空洞等。

四、环境科学概述

（一）环境科学的概念

环境科学是在人们面临一系列环境问题，并且要解决环境问题的需求下，逐渐形成并发展起来的由多学科到跨学科的科学体系，也是一个介于自然科学、社会科学、技术科学和人文科学之间的科学体系。环境科学的兴起和发展是人类社会生产发展的必然结果，也是人类对自然现象的本质和变化规律认识深化的体现。

环境科学是以"人类—环境"系统为其特定的研究对象。它是研究"人类—环境"系统的发生、发展和调控的科学。"人类—环境"系统及人类与环境所构成的对立统一体，是一个以人类为中心的生态系统

（二）环境科学的特点

环境科学具有涉及面广、综合性强、密切联系实践的特点。它既是基础学科，又是应用学科。在研究过程中必须做到宏观与微观相结合、近期与远期相结合，而且要有一个整体的观点。归纳起来，有如下几个特点。

1. 综合性

环境科学是一门综合性很强的新兴的边缘学科，它要解决的问题均具有综合性的特点，特别在进行具体课题研究时，必然体现出跨学科、多学科交叉和渗透的特点，必须应用其他学科的理论和方法，但又不同于其他学科。环境科学的形成过程、特定的研究对象，以及非常广泛的学科基础和研究领域，决定了它是一门综合性很强的重要的新兴学科。

2. 整体性

英国经济学家 B. 沃德（B. Ward）和美国微生物学家 R. 杜博斯（R. Dubos），受联合国人类环境会议秘书长 M. 斯特朗（M. Strong）委托所编写的《只有一个地球》一书，就是把环境问题作为一个整体研究的最好尝试。该书不仅从整个地球的前途出发，而且从社会、经济和政治的角度来探讨人类的环境问题。把人口问题、资源的滥用、工艺技术的影响、发展的不平衡以及世界范围的城市困境等作为整体来探讨环境问题。这是其他学科所不能代替的，大至宇宙环境，小到工厂、区域环境都得从整体的角度来考虑和研究，而不像有些科学只研究某一问题的某一方面，这是环境科学不同于其他科学的另一特点。

3. 实践性

环境科学是由于人类为了解决在生产和生活实践中产生的环境污染问题而逐渐孕育发展起来的。也就是说，它是在人类同环境污染的长期斗争中形成的一个新的科学领域，所以具有很强的实践性和旺盛的生命力。

英国伦敦泰晤士河从污染到治理，主要是由于英国政府对环境科学的重视。就我国环境科学研究的领域和内容来看，都是与实际生产、生活中需要解决的问题紧密联系的。如我国大气环境质量中的光化学烟雾污染、酸雨、大气污染对居民健康影响等问题；我国河流污染的防治、湖泊富营养化问题，水土流失与水土保持问题；海洋的油污染和重金属污染等问题；城市生态问题；环境污染与恶性肿瘤的关系问题；自然资源的合理利用和保护等问题，都是环境科学的研究范畴。

4. 理论性

环境科学在宏观上研究人类同环境之间的相互促进、相互联系、相互作用、相互制约的对立统一关系，既要揭示自然规律，也要揭示社会经济发展和环境保护协调发展的基本规律；在微观上研究环境中的物质，尤其是人类活动排放的污染物的分子、原子等微小粒子在有机体内迁移、转化和蓄积的过程及其运动规律，探索它们对生命的影响及其作用机理等。环境科学不仅随着国民经济的发展而不断发展，而且由于各种学科的结合、渗透，在理论上也日趋完善。

（三）环境科学的基本任务

环境科学的基本任务如下：

1. 探索全球范围内环境演化的规律

在人类改造自然的过程中，为使环境向有利于人类的方向发展，避免向不利于人类的方向发展，就必须了解环境变化的过程，包括环境的基本特性、环境结构的形式和演化机理等，为人类提供更好的生存服务。

2. 揭示人类活动同自然生态之间的关系

环境为人类提供生存条件，人类通过生产和消费活动，不断影响环境的质量。人类生产和消费系统中物质和能量的迁移、转化过程是异常复杂的。但必须使物质和能量的输入同输出之间保持相对平衡。这个平衡包括两项内容：一是排入环境的废弃物不能超过环境自净能力，以免造成环境污染，损害环境质量；二是从环境中获取可更新资源不能超过它的再生增殖能力，以保障可持续利用；从环境中获取不可再生资源要做到合理开发和利用。因此，在社会经济发展规划中必须列入环境保护的内容，有关社会经济发展的决策必须考虑生态学的要求，以求得人类和环境的协调发展，这样才能和环境友好相处。

3. 探索环境变化对人类生存的影响

环境变化是由物理的、化学的、生物的和社会的因素以及它们的相互作用所决定的，因此，环境科学在此方面有不可推卸的责任，必须研究环境退化同物质循环之间的关系。这些研究可为保护人类生存环境、制定各项环境标准、控制污染物的排放量提供依据，以防环境的恶化从而引起人类的灾难，如近年的水污染及其中污染物进入人体后发生的各种作用，包括致畸作用和致癌作用。再如大气污染、城市的空气指数的恶化对人们健康的影响等等。

4. 研究区域环境污染综合防治的技术措施和管理措施

如某个地方区域环境污染了，应如何应对和保护。我国的工业污染很多，如何防治和治理都和环境科学有关。实践证明需要综合运用多种工程技术措施和管理手段，调节并控制人类和环境之间的相互关系，利用系统分析和系统工程的方法寻找解决环境问题的最优方案。

5. 完善自我的体系

收集数据为环境与人类的和谐相处奠定基础，同时培养新一代的环境科学工作者为人类服务。

（四）环境科学面临的机遇和挑战

面对如今科技日新月异的变化，环境问题越来越受到人类的关注。工业的发展必定会影响环境，许多地区因为一味地追求经济的发展而以环境为代价，从而造成了环境的大面积污染。那么环境科学就应该起到它的作用，治理环境保护环境。在这个大环境下环境科学应该得到关注和重视。

自产业革命以来，人类在社会文明和经济发展方面取得了巨大的成就。与此同时，人类对自然的改造也达到空前的广度、深度和强度。研究表明，地球一半以上的陆地表面都受到人为活动的改造，一半以上的地球淡水资源都已被人类开发利用，人类活动严重影响着地球系统。由此产生的问题就是环境污染，环境污染的广度和深度对人类的生存带来了巨大的影响，如何治理好污染是人类的一项重要任务。环境科学面临的挑战很多，比如，当前我国的科学氛围，不少人只看经济效应，许多论文的质量不高，从而阻碍了环境科学的发展。

对环境科学，政府要大力支持，对污染环境的企业要严惩，并做好宣传，在群众中培养、提高环境保护意识，让环境科学为人类做出最大的贡献。

第三节 环境污染与人体健康

一、环境污染概述

当各种物理、化学和生物因素进入大气、水、土壤环境，如果其数量、浓度和持续时间超过了环境的自净力，以致破坏了生态平衡，影响人体健康，造成经济损失时，称为环境污染。环境污染的产生是一个从量变到质变的过程，目前，环境污染产生的原因主要是资源的浪费和不合理的使用，使有用的资源变为废物进入环境而造成危害。

环境污染会给生态系统造成直接的破坏和影响，如沙漠化、森林破坏也会给生态系统和人类社会造成间接的危害，有时这种间接的环境效应的危害比当时造成的直接危害更大，也更难消除。例如：温室效应、酸雨和臭氧层破坏就是由大气污染衍生出的环境效应。这种由环境污染衍生的环境效应具有滞后性，往往在污染发生的当时不易被察觉或预料到，然而一旦发生就表示环境污染已经发展到相当严重的地步。当然，环境污染的最直接、最容易被人类所感受的后果是使人类环境的质量下降，影响人类的生活质量、身体健康和生产活动。例如，城市的空气污染造成空气污浊，人们的发病率上升等；水污染使水环境质量恶化，饮用水源的质量普遍下降，威胁人的身体健康，引起胎儿早产或畸形等。

二、环境污染对人体健康的影响

环境是人类生存的空间，不仅包括自然环境，日常生活、学习、工作环境，还包括现代生活用品的科学配置与使用。环境污染不仅影响到我国社会经济的可持续发展，也突出地影响到人民群众的安全健康和生活质量，如今已受到人们越来越多的关注。人类健康的基础是人类的生存环境，只有生物多样性丰富、稳定和持续发展的生态系统，才能保证人类健康的稳定和持续发展，而环境污染是人类健康的大敌，生命与环境最密切的关系是生命利用环境中的元素建造自身。

（一）环境污染物影响人体健康的特点

对人体健康有影响的环境污染物主要来自工业生产过程中形成的废水、废气、废渣，包括城市垃圾等。环境污染物影响人体健康的特点：一是影响范围大，所有的污染物都会随生物地球化学循环而流动，并且对所有的接触者都有影响；二是作用时间长，许多有毒物质在环境中及人体内的降解较慢。

（二）环境污染对人体健康的影响因素

环境污染物对机体健康能否造成危害以及危害的程度，受到许多条件的影响，其中最主要的影响因素为污染物的理化性质、剂量、作用时间、环境条件、健康状况和易感性特征等。

1. 污染物的理化性质

环境污染物对人体健康的危害程度与污染物的理化性质有着直接的关系。如果污染物的毒性较大，即便污染物的浓度很低或污染量很小，仍能对人体造成危害。例如，氰化物属剧毒物质，即便人体摄入量很低，也会产生明显的危害作用，但也有些污染物转化成为新的有毒物质而增加毒性，例如汞经过生物转化形成甲基汞，毒性增加；有些毒物如汞、砷、铅、铬、有机氯等，虽然其浓度并不很高，但这些物质在人体内可以蓄积，最终危害人体健康。

2. 剂量或强度

环境污染物能否对人体产生危害以及危害的程度，主要取决于污染进入人体的"剂量"。

（1）有害元素和非必需元素

这些元素因环境污染而进入人体的剂量超过一定程度时可引起异常反应，甚至进一步发展成疾病，对于这类元素主要是研究制定其最高容许量的问题，如环境中的最高容许浓度。

（2）必需元素

这种元素的剂量—反应关系较为复杂，一方面环境中这种必需元素的含量过少，不能满足人体的生理需要时，会使人体的某些功能发生障碍而形成一系列病理变化；另一方面，如果环境中这种元素的含量过多，也会引起程度不同的中毒性病变。因此，对于这类元素不仅要研究和制定环境中最高容许浓度，而且还要研究和制定最低供应量的问题。

3. 作用时间

毒物在体内的蓄积量受摄入量、生物半减期和作用时间三个因素的影响。很多环境污染物在机体内有蓄积性，随着作用时间的延长，毒物的蓄积量将加大，达到一定浓度时，就引起异常反应并发展成为疾病，这一剂量可以作为人体最高容许限量，称为中毒阈值。

4. 健康效应谱与敏感人群

人群对环境有害因素作用的反应是存在差异的。尽管多数人在环境有害因素作用下呈现出轻度的生理负荷增加和代偿功能状态，但仍有少数人处于病理性变化，即疾病状态甚至出现死亡。通常把这类易受环境损伤的人群称为敏感人群（易感人群）。

机体对环境有害因素的反应与人的健康状况、生理功能状态、遗传因素等有关，有些还与性别、年龄有关。在多起急性环境污染事件中，老、幼、病人出现病理性改变，症状加重，甚至死亡的人数比普通人群多，如1952年伦敦烟雾事件期间，年龄在45岁以上的居民死亡人数为平时的3倍，1岁以下婴儿死亡数比平时也增加了1倍，在4 000名死亡者中，80%以上患有心脏或呼吸系统病患。

5. 环境因素的联合作用

化学污染物对人体的联合作用，按其量效关系的变化有以下几种类型：

（1）相加作用

相加作用是指混合化学物质产生联合作用时的毒性为单项化学物质毒性的总和，如氟利昂能导致缺氧，丙烯能导致窒息，因此，它们的联合作用特征表现为相加作用。

（2）独立作用

由于不同的作用方式、途径，每个同时存在的有害因素各产生不同的影响。但是混合物的毒性仍比单种毒物的毒性大，因为一种毒物常可降低机体对另一毒物的抵抗力。

（3）协同作用

当两种化学物同时进入机体产生联合作用时，其中某一化学物质可使另一化学物质的毒性增强，且其毒性作用超过两者之和。

（4）拮抗作用

一种化学物能使另一种化学物的毒性作用减弱，即混合物的毒性作用低于两种化学物中任一种的单独毒性作用。

三、环境污染对人体健康的危害

环境污染对人体健康的不利影响，是一个十分复杂的问题。有的污染物在短期内通过空气、水、食物链等多种介质侵入人体，或几种污染物联合大量侵入人体，造成急性危害。也有些污染物，小剂量持续不断地侵入人体，经过相当长时间才显露出对人体的慢性危害或远期危害，甚至影响到子孙后代的健康。这是环境医学工作者面临的一项重大研究课题。从近几十年来的情况看，环境污染对人体造成的危害主要是急性、慢性和远期危害。

（一）急性危害

急性危害是指在短期内污染物浓度很高，或几种污染物联合进入人体可使暴露人群在较短时间内出现不良反应、急性中毒甚至死亡的危害。通常发生在特殊情况下，例如，光化学烟雾就是汽车尾气中的氮氧化物和碳氢化合物在阳光紫外线照射下，形成光化学氧化剂 O_3、NO_2、NO 和过氧乙酰硝酸酯（PAN）等，与工厂排出的 SO_2 遇水分产生硫酸雾相结合而形成的光化学烟雾。当大气中光化学氧化剂浓度达到 0.1×10^{-6} 以上时，就能使竞技水平下降，达到 $(0.2 \sim 0.3) \times 10^{-6}$ 时，就会造成急性危害。主要是刺激呼吸道黏膜和眼结膜，而引起眼结膜炎、流泪、眼睛疼、嗓子疼、胸疼，严重时会造成操场上运动着的学生突然晕倒，出现意识障碍。经常受害者能加速衰老，缩短寿命。

（二）慢性危害

慢性危害是指污染物在人体内转化、积累，经过相当长时间（半年至几十年）才出现病症的危害。慢性危害的发展一般具有渐进性，出现的有害效应不易被察觉，一旦出现了较为明显的症状，往往已成为不可逆的损伤，造成严重的健康后果。

1. 大气污染对呼吸道慢性炎症发病率的影响

国内外大气污染调查资料还表明，大气污染物对呼吸系统的影响，不仅使上呼吸道慢性炎症的发病率升高，同时还由于呼吸系统持续不断地受到飘尘、SO_2、NO_2 等污染物刺激腐蚀，使呼吸道和肺部的各种防御功能相继遭到破坏，抵抗力逐渐下降，从而提高了对感染的敏感性。这样一来，呼吸系统在大气污染物和空气中微生物联合侵袭下，危害就逐渐向深部的细支气管和肺泡发展，继而诱发慢性阻塞性肺部疾患及其续发感染症。这一发展过程，又会不断增加心肺的负担，使肺泡换气功能下降，肺动脉氧气压力下降，血管阻力增加，肺动脉压力上升，最后因右心室肥大，右心功能不全而导致肺心病。

2. 铅污染对人体健康的危害

环境中铅的污染来源主要有两方面：一是工矿企业，由于铅、锌与铜等有色金属多属共生矿，在其开采与冶炼过程中，铅制品制造和使用过程中，铅随着废气、废水、废渣排入环境而造成大气、土壤、蔬菜等污染；二是汽车排气，汽车用含四乙铅的汽油做燃料。

铅能引起末梢神经炎，出现运动和感觉异常。常见有伸肌麻痹，可能是铅抑制了肌肉里的肌磷酸激酶，使肌肉里的磷酸肌酸减少，肌肉失去收缩动力而产生的。被吸收的铅，在成年人体内有91%～95%形成不稳定的磷酸沉积在骨骼中，在儿童多积存于长骨干的骨端，从X线照片上可见长骨髓端钙化带密度增强，宽度加大，骨髓线变窄。幼儿大脑受铅的损害，比成年人敏感得多。儿童经常吸入或摄入低浓度的铅，能影响儿童智力发育和产生行为异常。经研究，对血铅超过60mg/100mL的无症状的平均9岁的儿童，经追踪观察，数年后，就发现有学习低能和注意力涣散等智力障碍，并伴有举止古怪等行为异常的表现。目前，各国都在开展铅对儿童健康危害的剂量—反应关系的研究，为制定大气、饮水、食品中含铅量的标准提供依据，以保护儿童和成人不受铅危害。

3. 水体和土壤污染对人体造成的慢性危害

水体污染与土壤污染对人体造成慢性危害的物质主要是重金属。如汞、铬、铅、镉、砷等含生物毒性显著的重金属元素及其化合物，进入环境后不能被生物降解，且具有生物累积性，直接威胁人类健康。例如水俣病，这种病1956年发生在日本熊本县水俣湾地区，故称"水俣病"，这是一种中枢神经受损害的中毒症。重症临床表现为口唇周围和肢端呈现出神经麻木（感觉消失）、中心性视野狭窄、听觉和语言受障碍、运动失调。但慢性潜在性患者，并不完全具备上述症状。经日本熊本大学医学院等有关单位研究证明，这种病是建立在水俣湾地区的工厂排出的污染物甲基汞造成的。甲基汞在水中被鱼类吸入体内，使鱼体含汞量达到$20×10^{-6}～30×10^{-6}$，甚至更高。大量食用这种含甲基汞的鱼的居民即可患此病。病情的轻重取决于摄入的甲基汞剂量，短期内进入体内的甲基汞量大，发病就急，出现的症状典型。长期小量地进入人体，发病就慢，症状也不典型。总之，食用含甲基汞的鱼的人，都遭到程度不同的危害。此外，环境污染引起的慢性危害，还有镉中毒、砷中毒等。环境污染对人体的急性和慢性危害的划分，只是相对而言，主要取决于剂量—反应关系。如水俣病，在短期内摄入大量甲基汞，也会引起急性危害。

（三）远期危害

远期危害是指环境污染物质进入人体后，经过一段较长（有的长达数十年）的潜伏期才表现出来，甚至有些会影响子孙后代的健康和生命的危害。远期危害是目前最受关注的，主要包括致癌作用、致畸作用和致突变作用。

第一，致癌作用是指能引起或引发癌症的作用。据若干资料推测，人类癌症由病毒等生物因素引起的不超过5%；由放射线等物理因素引起的也在5%以下；由化学物质引起的约占90%，而这些物质主要来自环境污染。例如，近几十年来，随着城市工业的迅猛发展，大量排放废气污染空气，工业发达国家肺癌死亡率急剧上升，在我国某些地区的肝癌发病率与有机氯农药污染有关。据报道，人类常见的八大癌症有四种在消化道（食道癌、胃癌、肝癌、肠癌），两种在呼吸道（肺癌、鼻咽癌），因此癌症的预防重点是空气与食物的污染。

第二，致畸作用是指环境污染物质通过人或动物母体影响动物胚胎发育与器官分化，使子代出现先天性畸形的作用。随着工业迅速发展，大量化学物质排入环境，许多研究者在环境污染事件中都观察到由于孕期摄入毒物而引发的胎儿畸形发生率明显增加。有些人认为，致过敏也是污染物造成的远期危害之一。

第三，致突变作用是指污染物或其他环境因素引起生物体细胞遗传信息发生突然改变的作用。这种变化的遗传信息或遗传物质在细胞分裂繁殖过程中能够传递给子代细胞，使其具有新的遗传特性。

第三章 环境管理与环境规划

第一节 环境管理手段

一、环境管理

（一）环境管理的基本概念

狭义的环境管理，主要是指采取各种措施控制污染的行为，例如，通过制定法律、法规和标准，实施各种有利于环境保护的方针、政策，控制各种污染物的排放。这种狭义的环境管理只是单一地去考察环境问题，并没有从环境与发展的高度，从国家经济社会发展战略和发展规划的高度来管理环境。因此，狭义的环境管理并不能从根本上解决好管理环境的问题，只能在一定的历史条件下，在一定范围内起到有限的作用。

广义的环境管理，是指运用经济、法律、技术、行政、教育等手段，限制人类损害环境质量的活动，通过全面规划使经济发展与环境相协调，达到既要发展经济满足人类的基本需要，又不超出环境的容许极限。广义的环境管理的核心就是实施经济社会与环境的协调发展。很显然，要实现这一目的是政府在实施经济、社会发展战略中的一个重要组成部分，是政府的一项基本职能。

（二）环境管理的理论基础

1. 生态学理论

生态学理论包括自然生态系统（由各种各样的生物物种、群落及其环境构成）与人工生态系统功能协调、生物多样性、生态平衡等。

2. 管理理论

管理理论包括系统管理理论（系统工程、系统分析、环境系统分析、系统预测、系统决策）和工商管理理论。

3. 经济学理论

经济学理论包括环境资源的稀缺性和资源的资本化管理、环境资源的供给与需求、供求弹性、均衡理论、外部性理论及其管理策略（税费、市场、法制、规划、绿色账户等）。

4. 法学理论

法学理论包括环境权、环境损害的责任与赔偿及其复原、国家主权与全球性环境问题及全球资源管理等。

（三）环境管理的内容

从广义上讲，环境管理的内容可从两个方向来划分。

1. 按环境管理的性质分

（1）规划与计划管理

首先是制订好环境规划，使之成为经济社会发展规划的有机组成部分，然后是执行环境规划，用规划指导环境保护工作，并根据实际情况检查和调整环境规划。

（2）污染源管理

这包括点源管理与面源管理。不仅要消极地进行"末端治理"，更要积极地推行"清洁生产"。其中，特别要针对污染者的特点，实施有效的法规和经济政策手段。

（3）质量管理

环境管理的核心是保护和改善环境质量。环境质量管理是为了保持人类生存与健康所必需的环境质量而进行的各项管理工作。通过调查、监测、评价、研究、确立目标、制订规划与计划之后，要科学地组织人力、物力逐步实现目标。实施中，要经常进行对照检查，采取措施纠正偏差。

（4）环境技术管理

通过制定技术标准、技术规程、技术政策以及技术发展方向、技术路线、生产工艺和污染防治技术进行环境经济评价，以协调技术经济发展与环境保护的关系，使科学技术的发展既能促进经济不断发展，又能保护好环境。

2. 按环境管理的范围分

（1）资源（生态）管理

资源（生态）管理包括可再生的与不可再生的各种自然资源的管理。如水资源、海洋资源、土地资源、矿藏资源、森林资源、草原资源、生物资源、能源等的保护与可持续利用。

（2）区域环境管理

区域环境管理主要是指协调区域经济发展目标与环境目标、进行环境影响预测、制订区域环境规划等，包括整个国土的环境管理，经济协作区和省、自治区、直辖市的环境管理，城区环境管理，以及水域环境管理等。

（3）部门环境管理

部门环境管理包括工业（如冶金、化工、轻工等）、农业、能源、交通、商业、医疗、建筑业及企业等环境管理。

（四）环境管理的基本职能

1. 规划

编制环境规划是环境管理的一项职能。已经批准的环境规划，又是环境管理的重要依据。实行环境管理，也就是通过实施环境规划，使经济发展和环境保护相协调，达到既要发展经济，满足人类不断增长的基本要求，又要限制人类损害环境质量的行为，使环境质量得到保护和改善。

2. 协调

环保事业涉及各行各业，搞好环境保护必须依靠各地区、各部门，这就是环境管理的广泛性和群众性。环境是一个整体，各项环保工作存在着有机联系，在一个地域内，环保工作必须在统一的方针、政策、法规、标准和规划的指导下开展，这就是环境管理的区域性和综合性。基于环境管理的这些特点，要求有一个部门进行统一组织协调，把各地区、各部门、各单位都推动起来，按照统一的目标要求，做好各自范围内的环境保护工作。可见，组织协调是环境管理的一项重要职能，特别是对解决一些跨地区、跨部门的环境问题，协调就更为重要。

3. 监督

环境监督是指对环境质量的监测和对一切影响环境质量行为的监察。这里强调的是后者，即对危害环境行为的监察和对保护环境行为的督促。对环境质量的监测主要由各项环境监测机关实施。实行切实有效的监督是把环境规划付诸实施的重要保证，没有强有力的监督，即使有了法律和规划，进行了协调也是难以实现的。特别是在我国社会上目前还存在着有法不依、执法不严的情况下，实行监督就尤为重要。

环境监督的基本任务是通过监督来维护和改善环境质量。监督内容包括：①监督环境政策、法律、规定和标准的实施；②监督环保规划、计划的实行；③监督各有关部门所担负的环保工作的执行情况。

目前，由环保部门行使的环境监督权主要有：建设项目环境管理和区域与单位排污监察权。前者主要包括：①环境影响报告书（表）审批权；②"三同时"制度监察权；③项目验收投产审查权；④排污许可申报审批权；⑤征收排污费权；⑥向政府提出限期治理或其他处置权；⑦对其他有关事宜、案件进行审查并提出处理意见权。环境监督应集中力量紧紧围绕着改善环境质量这个中心，针对主要环境问题进行。目前，监督的重点是认真实行建设项目的环境影响报告书制度、"三同时"制度、排污申报登记制度和排污收费制度。

（五）环境管理的基本手段

1. 法律手段

法律手段是环境管理的一个最基本的手段，依法管理环境是控制并消除污染，保障自然资源合理利用并维护生态平衡的重要措施。目前，我国已初步形成了由国家宪法、环境保护法、与环境保护有关的相关法、环境保护单行法和环保法规等组成的环境保护法律体系。一个有法必依、执法必严、违法必究的环境保护执法风气已在全国逐步形成。

2. 经济手段

经济手段是指运用经济杠杆、经济规律和市场经济理论促进和诱导人们的生产、生活活动遵循环境保护和生态建设的基本要求。例如，国家实行的排污收费、综合利用利润提成、污染损失赔偿等就属于环境管理中的经济手段。

3. 技术手段

技术手段是指借助那些既能提高生产率又能把对环境的污染和生态的破坏控制到最小限度的技术，以及先进的污染治理技术等来达到保护环境的目的。例如，国家制定的环境保护技术政策推广的环境保护最佳实用技术等就属于环境管理中的技术手段。

4. 行政手段

行政手段是指国家通过各级行政管理机关，根据国家的有关环境保护方针政策、法律法规和标准而实施的环境管理措施。例如，对污染严重而又难以治理的企业实行的关、停、并、转、迁就属于环境管理中的行政手段。

5. 教育手段

教育手段是指通过基础的、专业的和社会的环境教育，不断提高环保人员的业务水平和社会公民的环境意识，来实现科学管理环境以及提倡社会监督的环境管理措施。例如，各种专业环境教育、环保岗位培训。

二、环境法基本原则

（一）协调发展原则

1. 协调发展原则的含义

协调发展原则，是指环境保护与经济建设和社会发展统筹兼顾，人与自然和谐相处，实现经济效益、社会效益和环境效益的统一。

环境保护工作同经济建设和社会发展相协调，就是对该项原则的确立。值得一提的是，在以前的中国环境政策和立法中，都要求环境保护与经济发展相协调，其结果导致环境保护往往让位于经济发展。经济发展必须与环境保护相协调，这绝不只是文字和语序上的变化，而是反映我国环境政策和理念发生的历史性转变。

该项原则是从横向即制约发展的因素及其相互关系上提出要求，主张不能为了社会经济发展不顾环境，也不能为了环境保护阻碍社会经济发展，必须将其结合起来，使它们处于一种相互协调的状态。协调发展的前提是发展，目的是为人类谋福利，但是要建立在与自然和谐相处前提下，应当把经济发展与生态的可持续性有机结合起来，对环境、资源与能源的开发利用，应建立在开发利用最大化和废弃物质最小化的基础之上。

关于协调发展原则，一个有争议的问题是关于其重心问题。关于协调发展原则的重心说，有"发展优先论"和"保护优先论"，还有"协调论"，前两种貌似合理的论证都陷入了形而上学，静态地分析了环境保护与经济发展的不可兼容性。其实，如果从动态的观点看，从可持续发展的战略视角出发，环境保护与经济、社会的发展之间是密切地联系在一起的。"协调发展"原则的重心，既不是片面的经济、社会的发展，也不是保守的环境保护。在谈论经济、社会的发展问题时，我们所持的应是一种全面的发展观，是人与自然的关系以及人的社会关系走向健全发展，其中当然包含着环境的发展。强调环境保护，并不是在既定的发展状态中来认识，而是持一种动态的、积极的、不断发展的观点来对待环境保护问题。在我们看来，"协调发展"原则的重心在于"协调"。通过"协调"，消除把"环境保护"与"经济、社会发展"对立起来的任何一种片面认识；通过"协调"，把社会历史的总体发展作为一个统一的进程，严防任何形式的畸形化的冒进；通过"协调"，突出政府在市场经济条件下发展秩序供给和协调的职能，对于经济、社会的发展与环境保护的关系，"协调"是基本立场，也是"发展"和"保护"双赢的方法。强调"协调发展"原则的重心是"协调"，有利于排除那些在"保护"与"发展"之间确定主从关系的错误认识。在经济社会发展的实践中，由于经济发展指标容易识别，各级政府，特别是各级政府中的首长在评价工作业绩时，也就更加注重发展中的直观指标，因而忽视了环境保护。校正这种倾向的做法并不是通过片面地强调环境保护就可以解决的，甚至有可能在过多地强调环境保护的过程中使各级政府产生挫折感，陷入一种无所适从的境地。强调"协调"就不会出现这种结果，因为强调"协调"本身就包含着对发展成绩的肯定和对环境保护不力的批评，从而能够消除错误认识、校正实践中的不足。强调"协调"是一种观念和方法，一切涉及环境和影响环境的生产、生活和行为，都应当以与生态环境的协调为出发点，协调的目标不满足于现状，它是指向未来的，是要超越单独强调"保护"或"发展"的悖论，以防止出现发展的泡沫或假象。

2. 协调发展原则的贯彻

（1）环境保护纳入国民经济与社会发展总体规划中

我国虽然实行社会主义市场经济，但计划手段还依然发挥着市场手段所无法替代的作用。环境管理的特殊性要求在宏观上必须以国家管理为主要形式，只有这样才能弥补"市场失灵"造成环境问题的缺陷。只有在制订国民经济和社会发展计划时将环境保护予以充分考虑，才能在各方面保障环境与发展相协调。

（2）制定国家环境保护计划和决策

该原则作为环境法的目标，应贯穿于整个环境法体系和环境法治建设中。该原则应体现于所有环境法律、法规和整个法治建设过程中，绝不能容许与该原则相抵触的法律条款，绝不能在计划中抽象地肯定它而在具体法治建设实践中又否定它。为此，必须大力宣传协调发展观念，用该原则指导环境立法、守法、行政执法和司法，通过法规约束和依法管理、协调，推进环境、经济和社会的可持续发展和协调发展。对此，必须建立有效的制度保障。要树立正确的政绩观，将环境保护作为党政领导干部政绩考核的重要内容。要探索绿色 GDP 国民经济核算方法，将发展过程中的资源消耗、环境损失和环境效益纳入经济发展的评价体系。

（3）体现在经济管理与企业管理中

造成我国环境污染和破坏的主要原因是工业生产活动，要想真正把环境保护规划落到实处，就要把环境保护纳入有关部门的经济管理与企业管理，从微观上控制环境污染，从而使环境保护与经济社会发展相协调。具体说来，包括工业污染防治、"三废"综合利用、节约能源、节约用水、保护水域和海域环境、水土保持、扩大绿化面积等都要纳入和渗透到有关部门的经济管理与企业管理中，而且要有具体考核指标，以及相应监督检查制度。

（二）预防为主原则

1. 预防为主原则的含义

国内学者对预防原则的界定表述各异，有称为风险预防原则的，有称为预防原则的，有称为预防为主原则的。然而，对预防原则防患于未然，强调环境法律和政策预先采取措施避免和减少环境风险的核心内涵已经达成共识。预防为主原则是指对开发和利用环境行为所产生的环境质量下降或者环境破坏等应当事前采取预测、分析和防范措施，以避免、消除由此可能带来的环境损害，并积极治理已造成的环境污染和破坏。

西方国家大都走了一条"先污染后治理"的道路，在发生了举世瞩目的"八大公害事件"，付出巨大代价后，才逐步从"病重求医、末端治理"的反应性政策、单项治疗性政策转变为"预防为主"的预期性政策、综合性防治政策。风险预防原则最早出现在20世纪80年代国际北海大会通过的宣言中，促使该原则进入现代环境法的一个重要原因，是科技和经济的迅猛发展带来的环境风险和生态风险。另外，《世界自然宪章》《气候变化框架公约》《生物多样性公约》等国际环境条约或国际环境会议通过的重要文件，也有关于预防为主原则的内容。

我国早在20世纪70年代《关于保护和改善环境的若干规定》中就已提到贯彻"预防为主"的原则，特别指出的是，制定的《清洁生产法》和《环境影响评价法》对从源头上预防环境污染、实行清洁生产做了具体规定，全面体现了该原则，也表明我国的污染防治工作已从末端治理为主进入到以源头预防为主、综合治理的阶段。而《循环经济促进法》的通过更是预防原则的体现。

预防为主原则就是要从环境整体效益出发，把防和治进行有机结合，在强调预防的同时，综合运用各种手段来保护和改善环境。综合治理，并不是否认预防的重要性，而是在预防优先的同时，也要根据各种情况运用各种手段和措施，对环境进行综合的整顿，才能双管齐下，保护和改善环境。此外，我们还应注意，不能机械地将预防为主理解为在任何情况下都把精力花费在预防上，而是应根据具体情况统筹安排，综合运用各种手段来保护环境。

可以看出该原则是现代环境保护的灵魂，它弥补了传统环境法事后消极补救的缺陷，体现了环境保护工作由消极、单一的治理到积极、多种方式防治的转变，该原则还最大限度地体现了法律公平和效率的结合。若环境问题不以预防为主，而是先污染后治理，那么，其代价要比采取预防措施高得多，不符合市场经济的基本要求，更不能体现法律的公平和效率。

2．预防为主原则的贯彻

（1）突出规划的重要性

突出规划的重要性，就是对工业和农业、城市和乡村、生产和生活、经济发展与环境保护各方面的关系做通盘考虑，制订国土利用规划、区域规划、城市规划与环境规划，使各项事业得以协调发展。在制订城市、区域和环境规划时，应根据该地区的自然和经济条件，制订出既能有利于经济和社会发展，又能有利于环境保护、维持生态平衡的最佳总体规划方案。这是从宏观上贯彻预防为主原则的最佳选择。

（2）严格环境影响评价制度

预防为主原则的真正确立，需要在环境与资源保护立法中确立一系列秩序和制度。其中，环境影响评价制度是各国使用预防为主原则最直接的体现。多年实践证明，环境影响评价制度是搞好建设项目污染控制和管理的有效措施，也是预防为主原则与科学发展观相结合的具体表现。

（3）谨慎地对待具有科学不确定性的开发利用活动

科学的不确定性常常是决策者忽视环境风险的最大理由，对危险性的预防比对危险的预防更为重要，因为危险性比具体的危险在时间和空间上更有距离，即危险性属于德国学者所谓的"危险尚未逼近"的状态。由于预防的本意在于防患于未然，因此，要增强决策者和管理者的风险防范意识。例如，对于大型建设项目、改造自然项目以及对外来物种的有意引进等行为，更应将可能造成的长久不良环境影响放在首位考虑，避免悲剧的发生。

（三）环境责任原则

1．环境责任原则的含义

在过去相当长的一段时间内，环境长期被认为是无主物，造成环境污染和生态破坏的组织和个人，只要对其他人的人身和财产没有造成直接的侵害就是合法的，不必承担任何环境责任。但随着环境危机的愈演愈烈，国家对环境保护的投入也越来越大，使政府不堪重负，并且形成越治理、污染越严重的恶性循环。为此，有人对这种做法提出质疑和反对：个别人追求经济利益给环境造成的外部不经济性，凭什么要全体纳税人或受害人来负担？

为了解决这个问题，人们在物权理论的基础上提出了排除妨碍、恢复原状的责任形式，在"公共资源"理论或"公共委托"理论的影响下，由 24 个国家组成的经济合作与发展组织环境委员会于 20 世纪 70 年代在债权理论的基础上首次提出了环境民事法律责任的基础性原则"污染者负担原则"。该原则是根据经济学家有关"外部性理论"而在环境法上确立的具有直接适用价值的原则，随着环境保护的概念从污染防治扩大到自然保护和物质消费领域，污染者负担原则的适用范围也在逐步扩大，污染者的概念范围也由企业扩大到所有的受益者。

环境责任原则，是"谁污染谁承担责任""谁开发谁保护""谁破坏谁恢复""谁利用谁补偿""谁主管谁负责""谁承包谁负责"等原则的概括，即环境责任原则是指环境法律关系的主体在生产和其他活动中造成环境污染和破坏的，应承担治理污染、恢复生态环境的责任。该原则具体内容主要包括以下四个方面：

第一，污染者负担。污染者负担是指对环境造成污染的单位或个人必须按照法律的规定，采取有效措施对污染源和被污染的环境进行治理，并赔偿或补偿因此而造成的损失。它主要针对已发生的污染，是事后的消极补偿。

第二，开发者养护。所谓开发者养护，是指对环境和自然资源进行开发利用的组织或个人，有责任对其进行恢复、整治和养护。强调这一责任的目的是促使自然资源开发对环境和生态系统的影响减少到最低限度，维护自然资源的合理开发、永续利用。

第三，利用者补偿。它是指开发利用环境资源的单位和个人应当按照国家的有关规定承担经济补偿责任。现代人们已逐渐意识到环境资源并非一种取之不尽、用之不竭的公有物，而是具有一定价值的稀缺品。因此，市场经济条件下的开发利用行为必须遵循价值规律，必须有偿地使用有价值的环境资源。凡是开发利用国家所有的环境资源的单位和个人，必须按照有关部门规定的标准向国家缴纳资源费（税）或生态补偿费（税）等有关税费。

第四，破坏者恢复。它是指造成生态环境和资源破坏的单位和个人必须承担将受到破坏的环境资源予以恢复和整治的法律责任。它表明，造成环境污染或破坏的人即使付费了，也不能当然免除其恢复和整治的责任，以有效制约环境污染或破坏的行为。

2. 环境责任原则的贯彻

（1）实行排污税费制度

排污收费或者征收污染税是一种简单又行之有效的法律制度，即向环境排放污染物的单位或个人按照其排放污染物的种类、数量或者浓度向国家缴纳一定的费用，以用于治理和恢复因污染对环境造成的损害。目前，我国正积极开征环境税，即对直接排放的污染物或污染产品征税。它一方面可以增加财政收入，为社会公共事业提供资金；另一方面能够反映社会边际成本，将环境污染行为造成的外部成本内部化。

（2）实行自然资源费税制度

对于开发利用自然资源者，都应当按照受益者负担的原则支付相应的资源恢复费、自然利用费、生态补偿费或相应的税。这里所支付的费用不是一般自然资源立法规定的向自然资源所有权人（国家）支付的自然资源使用费或税，而是专门补偿因开发和利用自然资源和自然环境导致自然环境利益受损所需花费的代价。其目的在于保持环境质量经常处于一定的水平之上。

（3）实行废弃物品再生利用和回收制度

从建立循环经济型社会的角度出发，目前，世界各国开始在产品的废弃与回收再利用领域实行延伸生产者责任的制度。其具体做法是，将处于消费末端的产品及其废弃物与企业的产品生产环节相连接形成一个循环链，处于该循环链上各个环节的生产者和消费者均应当对进入环境的产品及其废弃物的回收利用承担一定的成本费用，保障各类零散的产品及其容器包装物等在使用完毕后不再作为废弃物进入环境。总体上讲，建立废弃物品再生利用和回收制度的责任在生产者，同时消费者作为受益者也有义务承担相应的费用。

（4）健全环境保护目标责任制

地方各级人民政府必须加强对环境保护工作的统一领导，制定措施，有计划地解决环境问题，切实对本辖区的环境质量负起责任。环境保护目标的完成情况应作为评定政府工作成绩的依据之一。单位负责人，如厂长、经理等，作为企业的法定代表人或单位领导，同样负有环境保护的责任，厂长任期内实行的目标责任制应有防治环境污染和破坏的内容。

（四）环境民主原则

1. 环境民主原则的含义

环境民主原则，又称为公众参与原则，是指在环境资源保护领域，公众有权通过一定程序或者途径参与一切与环境利益有关的决策活动，并有权受到相应的法律保护和救济，以防止决策的盲目性，使得该项决策符合广大公众的切身利益。

以前人们对环境要素属性的认识局限在经济性上，而忽略了环境要素的生态性和精神性。由于环境要素的不可控制性和不易支配性，使得无法将之纳入财产或民法上的物的法律调整范畴，故在相当长的时期内多数环境要素一直被当作无主物对待。即任何人不得对其提出权利主张，任何人也无须为占有和使用支付代价。这种观念在实践中纵容了对自然资源的滥用和对环境的污染和破坏。当环境危机已威胁到人类生存、制约经济发展、影响社会稳定时，人们的环境意识觉醒，认识到环境要素并非谁都可以无偿使用的，一方面使政府对环境的管理更具可操作性和现实可行性；另一方面它使社会公众与环境之间形成了法律利益上的相关性，从理论上论证了全体公民为公益或私益对环境所提出的权利主张的正当性和合理性。

2. 环境民主原则的贯彻

公众参与环境保护既取决于公众环境意识的觉醒，又与国家政策及法律制度保障密不可分。建立健全适合我国国情的公众参与制度，对维护公众的环境权益、推动我国的环境民主、完善我国的环境保护政策体系都会起到积极的作用。

（1）完善环境信息公开制度

环境信息公开是环境知情权的重要内容，而环境知情权是公众参与环境保护的重要前提。依照公众参与原理，对于涉及公众利益的重大决策，公众享有被告知相关信息的权利、被咨询相关意见的权利以及意见被慎重考虑的权利。因此，建立决策信息公开与披露制度，要求政府实行阳光行政、增加行政决策的透明度就显得非常重要。

（2）对公众参与进行权利化构造

要从根本上改变注重保障行政机关权力而忽视公民权利的倾向，对各级政府及其环境资源管理部门在环境保护中的职责、企业在环境资源保护方面的义务和权利、社会公众在环境资源保护中的权利和义务等做出明确规定，特别是应当确认和保障包括环保组织在内的社会公众在环境资源保护中的知情权、参与权以及通过司法等途径获得救济的权利，最大限度地运用政府和民众在环境保护方面的力量。

（3）建立公众参与机制

应该建立公众参与的全过程参与机制，即预案参与、过程参与、末端参与和行为参与。公众参与机制本身是一个体系，其各个部分相辅相成，不可分割，否则，公众参与环境保护就会因为缺乏某一机制而受到损害。因此，在公众参与环保制度化中，应该分别对各种制度进行立法，并在公众参与机制中予以定位。

（4）提高公众参与能力

在提倡公众参与的时候，要特别鼓励各类非政府的环境组织代表公众参与环境决策。因为，尽管环境受到影响地区的居民是最重要的参与群体，但是出于公众利益多元、专业知识欠缺（有时会出现盲目的群体性事件）以及"搭便车"等问题的存在，即使向当地居民提供了充足的信息，有时他们也不愿意参与。为了更好地发挥公众参与的功效，避免其流于形式，各国的普遍做法是运用代表人制度，即发挥各类非政府的环境组织或者其他团体的作用，由它们作为公众利益的代表参与到环境决策之中。当出现环境事件时，可以先由小范围的公众推选出自己的"代表人"，然后由代表人负责统筹意见，先做出自己的判断，"去粗存精"，最后将意见和其他代表人一同探讨。

三、我国环境保护法的重要制度

在我国环境法和环境政策的权威论述中，一般把我国环境法的基本制度归纳为著名的"八项制度"。这"八项制度"是指环境保护目标责任制、城市综合整治与定量考核、污染集中控制、限期治理、排污申报登记与排污许可证制度、环境影响评价制度、"三同时"制度和排污收费制度。

（一）环境保护目标责任制

环境保护目标责任制，是通过签订责任书的形式，具体落实地方各级人民政府和有污染的单位对环境质量负责的行政管理制度。这一制度明确了一个区域、一个部门及至一个单位环境保护的主要责任者和责任范围，理顺了各级政府和各个部门在环境保护方面的关系，从而使改善环境质量的任务能够得到层层落实。这是我国环境环保体制的一项重大改革。

（二）城市综合整治与定量考核

城市综合整治与定量考核，是我国在总结近年来开展城市环境综合整治实践经验的基础上形成的一项重要制度，它是通过定量考核对城市政府在推行城市环境综合整治中的活动予以管理和调整的一项环境监督管理制度。

（三）污染集中控制

污染集中控制是在一个特定的范围内，为保护环境所建立的集中治理设施和所采用的管理措施，是强化环境管理的一项重要手段。污染集中控制，应以改善区域环境质量为目的，依据污染防治规划，按照污染物的性质、种类和所处的地理位置，以集中治理为主，用最小的代价取得最佳效果。

（四）限期治理

限期治理制度是指对严重污染环境的污染源和污染严重的区域环境，依法要求污染者在一定的期限内，完成治理任务，达到治理目标。限期治理的范围，最早实行的是污染点源的限期治理，近年来发展到对行业的限期治理和区域环境的限期治理。限期治理项目的确定，主要是根据污染源及区域环境调查资料，选择重大污染源、污染严重的区域环境及群众反映强烈的项目，同时也要考虑在技术上可行、经济上合理、资金上可能。对限期治理项目都要规定限期治理目标，对于具体的污染源的限期治理，其治理目标一般是要求排放的污染物达到国家或者地方规定的污染物排放标准；对于行业的限期治理，一般规定分期分批逐步做到所有的污染源都达标排放；对于区域环境的限期治理项目，则要求达到适用于该地区的环境质量标准。限期治理通常采用限期治理决定通知书的形式，有的地方则以召开新闻发布会的方式向社会公布政府部门的限期治理决定。

（五）排污申报登记与排污许可证制度

排污申报登记制度，是指凡是向环境排放污染物的单位，必须按规定程序向环境保护行政主管部门申报登记所拥有的排污设施、污染物处理设施及正常作业情况下排污的种类、数量和浓度的一项特殊的行政管理制度。排污申报登记是实行排污许可证制度的基础。

排污许可证制度，是以改善环境质量为目标，以污染总量控制为基础，规定排污单位许可排放污染物的种类、数量、浓度、方式等的一项新的环境管理制度。我国目前推行的是水污染物排放许可证制度。

（六）环境影响评价制度

环境影响评价法的出现，说明我国的环境影响评价工作实现了立法的突破，已经完成了从部门规章，到国务院条例，再到国家法律的飞跃。环境影响评价是我国环境保护的一项重要法律制度，是环境管理工作的基础，为环境行政、管理、决策提供科学依据。环境影响评价是指对规划和建设项目实施后可能造成的环境影响进行分析、预测和评估，提出预防或者减轻不良环境影响的对策和措施，进行跟踪监测的方法与制度。凡从事对环境有影响的建设项目，都必须执行环境影响报告书的审批制度，包括工业、交通、水利、农林、商业、卫生、文教、科研、旅游、市政等对环境有影响的一切基本建设项目和技术改造项目以及区域开发建设项目。

目前，环境评价的类型若按时间分类，可以分为回顾评价、现状评价、影响评价、风险评价和战略评价五种类型。目前，主要进行的是前四种类型的评价。

环境回顾评价是指对城市过去一定历史时期的环境质量，根据历史资料进行回顾性的评价工作。通过回顾评价，可以揭示出某一区域污染的发展变化过程。但进行这种评价常常要受到历史资料积累情况的限制，一般多在科研监测工作基础比较好的区域展开。

环境现状评价一般是根据近两三年的环境监测资料，对某一个区域内人类活动造成的环境质量变化进行的评定。通过现状评价，可以阐明环境污染的现状，为某一个区域内进行污染综合防治提供科学依据，这是我国目前正在大力开展的城市环境质量的评价形式。

环境影响评价是在一项工程动工兴建以前，对它的选址、设计，以及在建设施工过程中和建成投产后，可能对环境造成的影响进行预测和评估。目的是为了防止产生新的污染源及人类不恰当的活动。许多国家规定，在新的大中型厂矿企业、机场、港口、铁路干线及高速公路等建设以前，必须进行环境影响评价，并写出环境影响报告书。我国已将此列为一项环境法律制度。

风险评价是对不良结果或不期望事件发生的概率进行描述及定量的系统过程；或者说风险评价是对某一特定期间内安全、健康、生态、财政等受到损害的可能性，以及可能的程度做出评估的系统过程。风险评价可以分为环境风险评价和健康风险评价。环境风险评价和健康风险评价技术可用于食品、药品、化妆品、农药评价，有毒化学品的管理，有害废弃物的管理，环境影响评价和自然资源损害评价等。

国家根据建设项目对环境的影响程度，对建设项目的环境影响评价实行三级分类管理，即建设单位应当按照下列规定组织编制环境影响报告书、环境影响报告表或者填报环境影响登记表，具体如下：①建设项目对环境可能造成重大影响的，应当编制环境影响报告书，对建设项目产生的污染和对环境的影响进行全面、详细的评价；②建设项目对环境可能造成轻度影响的，应当编制环境影响报告表，对建设项目产生的污染和对环境的影响进行分析或者专项评价；③建设项目对环境影响很小，不需要进行环境影响评价的，应当填报环境影响登记表。

战略环境评价是环境影响评价在政策、计划和规划层次上的应用。它既包括战略所引发的环境因子的改变及其程度等环境效应，也包括受环境效应的作用而造成的经济增长、人类健康、生态系统稳定性和景观等的改变程度及大小。欧美一些国家还将之称为计划环境影响评价或政策、计划和规划环境影响评价。由于政策在战略范畴中的核心地位，有人也将它称为政策环境影响评价。

（七）"三同时"制度

"三同时"制度是对环境有影响的一切基本建设项目、技术改造项目和区域开发建设项目，其中防治污染和生态破坏的设施，必须与主体工程同时设计、同时施工、同时投产使用，简称"三同时"制度。基本建设项目，是指利用基本建设资金进行新建、改建和扩建的工程项目；技术改造项目，是指利用更新改造资金进行挖潜、革新、改造的工程项目；区域开发建设项目是指在特定空间地域的区域进行资源开发的建设项目，如矿产资源和水电资源的开发建设项目等。规定"三同时"的实质在于把好设计、施工和投产使用关。只有要求同时设计和同时施工，才能为同时投产使用创造条件，从而保证项目建成后企业排放的污染物符合国家或地方规定的排放标准。

（八）排污收费制度

排污收费制度，是指一切向环境排放污染物的单位和个体生产经营者，按照国家的规定和标准，缴纳一定费用的制度。我国从 20 世纪 80 年代开始全国推行排污收费制度到现在，全国（除台湾省外）各地普遍开展了征收排污费工作。目前，我国征收排污的项目有污水、废气、固废、噪声、放射性废物 5 大类 113 项环境标准与许可证制度。

（九）新的环境立法趋势

当今发展中国家的环境立法及法规的主要发展趋势是：在宪法及宏观政策文件中将环境问题具体化；环境法涉及更加广泛的环境问题；环境标准及准则的确立；采用经济手段进行环境管理；国际准则获得认可；重视环境影响评价（EIA）；环境管理的有效协调；努力实现环境立法框架的连贯性；制定促进人们遵守环境法规的机制，并确立更有效的执行手段；公众参与及评议的规定。

四、加强环境执法

包括两个方面：加强执法力度和加强执法效果。

（一）加强执法力度

目前的环境执法中，执法不力仍是普遍现象，必须采取有力措施，切实加强。首先，要勇于执法，敢于执法；其次，要严格执法，依法行政。

环境执法必须符合行政执法的基本要求，做到：①符合法令职责权限，既不超越职权，也不放弃职责；②实施具体行政行为时，必须事实清楚，证据确凿；③正确理解并正确运用法律、法规、规章和其他规范性文件；④遵守法律秩序；⑤处理公正得当。

（二）加强执法效果

提高环境执法效果，防止"一查就关，一走就开"。一是要加大行政处罚的政务公开力度，充分发挥公众监督的作用；二是要完善对重点违法案件的驻厂督察员制度和环境违法企业整改报告制度，将环境违法行为的整改纳入监管视线；三是要完善行政执法部门的联动机制，扩大行政处罚的威力；四是要建立上级环保部门对下级政府及环保部门行政处罚落实情况督查督办的制度，切实保障行政处罚、整改措施落实到位。

（三）区域限批

在我国环境形势日益严峻的情况下，国家环保部对环境执法和监管的理念和手段进行了创新性的探索。严格执行环境影响评价和"三同时"制度是实现污染减排目标的重要措施。把总量削减指标作为建设项目环评审批的前置条件，坚持"以新带老"，新上建设项目不允许突破总量控制指标。采取"区域限批"措施，对超过总量控制指标的地区，暂停审批新增污染物排放总量的建设项目。环保部宣布，将首次启动"区域限批"政策来遏制高污染、高耗能产业的迅速扩张趋势。

区域限批是指，针对一些地方和行业不顾当地环境资源限制和国家产业政策要求，以违法手段盲目发展高耗能、高污染产业而出台的一种行政惩罚措施，即对严重违规的行政区域、行业和大型企业，停止审批其境内或所属的除循环经济类项目以外的所有项目，直到其违规项目彻底整改。

区域限批作为新出台的行政处罚措施，存在着自身缺陷。主要表现为以下几个方面：

首先，将《国务院关于落实科学发展观加强环境保护的决定》作为区域限批的法律依据效力较弱。处罚法定是行政处罚的原则之一，国务院做出的这项决定在效力上弱于宪法和法律，而面向的处罚对象却往往是支撑地方经济命脉的高耗能高污染企业，区域限批的范围、时间、具体措施等在决定中都没有详细规定，在实施处罚措施时往往缺乏依据，颇有"底气不足"之感。

其次，区域限批常规化以及上升到省级区域限批的计划里，反映出有关部门对区域限批政策的依赖。事实上，区域限批是环保部门行政权力的最大化运用。"限批"只是审批与否的权力，是与政策运用对象在法律法规框架内的对话。因而也只能对愿意在这一框架内对话的企业或地方政府起约束作用，对不按规则出牌的企业和地方政府则无能为力。

再次，环保部门仍是"弱势政府部门"。尽管目前全国已形成可持续发展、建设资源节约型和环境友好型社会的共识，但很大程度上，环保部门的权力极限还只是投反对票，缺乏实质上的行政权力，也缺乏经济话语权。其纠正环境违法行为的能力，既弱于公检法系统，也弱于工商行政管理部门。在实践中，如果环保部门的政策措施得不到地方党政领导、发改委、公检法系统的支持与配合，很可能只起一时之效，长期下去则流于形式。行政手段只有与观念更新、体制变革、市场调控、公众参与等各种因素结合运用，才能产生更好的效果。

五、环境管理的经济手段

（一）经济手段概述

1. 经济手段的界定

关于经济手段有各种不同的定义，但概括起来可以表述为：经济手段从影响成本和效益入手（使得价格反映全部社会成本），引导经济当事人进行行为选择，以便实现改善环境质量和持续利用自然资源的目标。

经济手段的作用在于影响决策者的决策和经济当事人的行为方式，使得人们最终做出的宏观决策和生产、消费方式选择服务于可持续发展的需要。经济手段的一个基本目的就是要确保环境和资源的合理价格，以促进对这些资源的有效利用和合理配置。如果环境和资源定价合理、正确，那么环境资源和服务就会同其他生产要素一样，在市场上受到同等对待，并因此确保生产要素配置的经济有效性。

2. 有关经济手段的基本理论

（1）外部性

所谓外部性是指个人（包括自然人和法人）的经济活动对他人造成了影响，而又未将这些影响计入市场交易的成本与价格中。也就是说，经济活动会产生超越于进行这些活动的主体以外的外部影响，进而会产生不能全部反映到私人成本中的社会成本（包括环境成本和资源耗竭成本）。因此提出了如何在外部性存在的条件下，实现资源的社会最优配置问题。

（2）制度失灵

所谓制度失灵是指：社会的结构、决策、政策，特别是价格机制等无法促使资源达到社会最优配置状态，或者说，这些结构、决策和政策以及由此形成的价格机制会引导或倾向于使社会远离最优资源配置状态。制度失灵通常被解释或划分为市场失灵和政府失灵。

①市场失灵

从本质上说，环境退化产生于人类的各种社会经济活动过程，特别是同相应的决策以及影响决策过程的各种要素有关，这些要素包括：有关资源利用的环境影响的信息的可得性和可靠性、消费者偏好、生产者的技术可得性、贴现率、财产权、各种资源和产品的相对价格、对个人的行为规范进行规定和限制的宗教和法律规定等。人们基于上述这些要素进行决策，从个人角度看，资源使用者的决策有可能是合理的，但从社会的角度说，这些决策有时可能是不合理的，甚至是有害的，即它们可能会放弃当代人以及后代人的某些利益。在市场经济中，资源使用者的决策受到市场力量的强大影响。

市场失灵被定义为市场无法引导经济过程走向社会最优化，即无法优化配置各种资源。其中的一个主要方面就是不能把外部效果反映在产品和服务的成本和价格中，使得那些并不直接参与市场交易或有关活动的当事人不得不承受这些外部效果。导致市场失灵的原因主要有：垄断的存在、非对称信息、外部性以及公共物品。如果把市场失灵同环境物品和服务相联系，则可以认为市场失灵表现在同污染、资源开发和生态系统破坏相关的外部性（例如，河流上游的使用者砍伐森林对下游的使用者造成损害），以及通过市场力量提供作为公共物品的环境质量的数量不足。

②政府失灵

如果由于制度体系内部的原因，使得管理过程的最终结果造成边际价格偏离社会最优价格，就会发生政府失灵。通常情况下，政府失灵产生于政府部门的不恰当干预。它通常表现为：出于部门利益的考虑，在制定和实施部门政策时，忽视了生态环境；或者所采用的是在环境问题还没有受到充分重视时期所制定的政策，比如在农业、能源和交通方面所实行的补贴政策等。最终在市场中反映出来的是不利于环境和资源保护的价格政策和其他部门政策，造成对环境和自然资源的过度利用。

3. 经济手段的内在优越性

根据经济合作与发展组织的调查，一般来说，经济手段具有下述的内在优越性：①经济手段可以通过允许污染者自己决定采用最合适的方法来达到规定的标准，或使其保护环境的边际成本等于排污收费水平，从而产生显著的成本节约。②经济手段可以为有关当事人提供持续的刺激作用，使污染减少到所规定的标准之下。同时，通过资助研究与开发活动，经济手段还可以促进新的污染控制技术、低污染的生产工艺以及新的低污染和无污染产品的开发等。③经济手段可以为政府和污染者提供管理和政策执行上的灵活性。对政府机构来说，修改和调整一种收费总是比调整一项法律或规章制度更加容易和快捷；对污染者来说，可以根据有关的收费情况来进行相应的预算，并在此基础上做出相应的行为选择。④经济手段可以起到为后代人保护环境和资源的目的。⑤经济手段可以为政府提供一定的财政收入，这些收入既可以直接用于有关的环境和资源保护项目，也可以纳入到政府的一般财政预算中。

（二）制定经济手段的基本原则

经济手段的目标和作用在于纠正导致市场失灵的外部性问题，使得外部成本内在化，其所依据的基本原则就是"污染者支付原则"（简称 P 原则）。

20 世纪 70 年代，经济合作与发展组织（OECD）提出并采用了污染者支付原则，并且把它作为制定环境政策的基本经济原则。该原则要求：污染者必须承担能够把环境改变到权威机构所认可的"可接受状态"所需要的污染削减措施的成本。

近年来，人们还把该原则扩展到：由于环境质量是一种稀缺的资源，污染者不仅要支付上述达到环境质量的"可接受状态"的污染削减成本，同时，还应该支付由于其污染所造成的损害成本。并且，还进一步把资源利用也纳入 PPP 原则中，并提出"污染者和使用者支付原则"。作为具有稀缺特征的自然资源，多年来，其定价没有完全反映出资源开采和利用的全部社会成本，尤其是没有把资源的耗竭成本，即"使用者成本"，纳入资源的价格体系中，由此导致了对资源的过度利用和低效率配置。

污染者和使用者支付原则也同时被应用到有关的综合决策建议中。该原则不仅被应用到国内经济手段的制定中，目前，人们还在探讨把该原则应用于国际环境政策中的可行性。

除了把污染者支付原则作为经济手段的基本原则之外，在经济手段的设计过程中人们还考虑采纳或已经采纳了以下三个具有经济意义的原则：

1. 预防和预警原则

即在意识到环境问题和资源利用问题以及与此相应的社会后果尚有一定的不确定性的条件下，通过一定的手段来避免那些可能发生的不可逆转的损害，包括从源头控制废物的产生并继续保留末端治理措施。

2. 有效性原则

在标准和手段制定过程中，要充分考虑其所要达到的环境和资源保护目标以及手段实施的相应成本之间的关系。

3. 其他的辅助原则

在不产生显著的外部性的前提下，把环境和强制执行设定在政府能够解决（或社会能够接受）的水平上。

需要说明的是，污染者和使用者支付原则在国际环境政策中的应用，应该引起包括中国在内的发展中国家的注意：作为发展中的经济，在环境污染问题上，一方面，我们承受了发达国家在发展过程中已经或正在造成的环境损害后果；另一方面，发展中国家经济增长势头迅猛，正在开始成为污染大户。因此，有必要探讨如何利用污染者支付原则同发达国家讨价还价，同时要充分评价控制国内环境污染（特别是能够造成全球性问题的污染）的政策和途径，包括国际环境合作，以避免各种可能的对本国经济发展的不利影响。在资源定价方面，则必须考虑到如何利用该原则制定相应的政策以便保证本国在国际贸易中的优势，同时又不损害自己的资源基础。例如，多数发展中国家都是初级产品的出口国，这种出口往往以对资源的掠夺性开发为代价，同时初级产品基本上都以低价（未包括资源耗竭成本）出口到发达国家，而发达国家又把低价的初级产品进行加工，其制成品又以高价出售到发展中国家。在这种贸易模式下，应用该原则而提出的资源定价政策，将在不同阶段对发展中国家的经济以及资源基础具有不同的意义。因此，加紧研究国际贸易、经济发展与环境政策手段的关系，研究如何利用上述原则参与国际环境政策的制定，乃发展中国家的当务之急。

（三）经济手段的分类

目前，各国所采用的经济手段可以划分为七类，即：①明晰产权；②建立市场；③税收手段；④收费制度；⑤财政和金融手段；⑥责任制度；⑦债券与押金—退款制度。

（四）排污权交易

1. 排污权交易的定义

所谓排污权交易，即在满足环境要求的条件下，建立合法的污染物排放权（即排污权，这种权利通常以排污许可证的形式表现），并允许这种权利像商品一样被买入和卖出，以此来进行污染物的排放控制。

2. 排污权交易对环保的促进作用

排污权交易以人们对环境容量实行有偿使用为原则，有利于增强人们对环境资源有限性的认识，改变传统的认为环境容量可以无限使用的错误观念，提高环境保护意识。在排污权交易制度下，拥有排污权的单位才有使用环境容量资源的权利，而节约的排污权可以通过出售获得收益，对环境的使用或环境的保护就成为与每个人切身利益息息相关的事情。

对企业来说，排污权也是一种收入。企业要生产，要产生污染，就必须拥有与之等量的排放污染的权利，获得这种权利必须要花费一定的代价，排放污染就不完全是排污企业的外部成本了。为了追求利益的最大化，排污企业必须要考虑要么投资污染治理设备，减少污染的排放，要么为排放的污染购买排污权。如果该企业治理污染的成本较低，那么它会选择投资污染治理设备，反之，则会购买排污权。如果企业治理污染的成本足够地低，该企业会有超额治理的动机，以出售排污权取得收入。在这种情况下，出售排污权将成为企业获得利润的另一个有效途径。减少排污、治理环境将成为企业有意识的行为。

企业往往对如何减少污染排放拥有更多的信息，这将有助于推动我国对传统工艺的技术革新，促进技术进步。

3. 我国推行排污权交易的障碍

（1）按行政区域划分的管理体制限制排污权市场的形成

我国现行的行政管理体制执行的是中央对地方的垂直领导体制，环境管理机构由各级政府分别设立，向上级环境部门负责，同级环保部门没有互相监督的义务，造成地区之间的管理各自为政，缺乏横向的沟通。然而一些跨区的污染问题往往不受行政管辖区域的限制，如流域水污染问题等。

（2）企业不能完全市场化运作

经过多年改革，国有企业在市场化运作方面已取得了相当大的成绩，但国有企业现代企业制度改革的进程还没有完成，一些国有企业甚至还不能以利益最大化为经营目标。排污权交易建立在企业根据利益原则进行操作的基础上。作为调控主体的企业缺乏利益动机将使排污权交易难以开展。此外，要求企业将排污权作为成本支出，将增加企业负担。当企业整体上无力负担排污权时，将对排污权交易制度产生抵触心理。

第二节　环境规划战略

一、环境规划

（一）环境规划的概念与内涵

环境规划指为使环境与社会经济协调发展，把"社会—经济—环境"作为一个复合生态系统，依据社会经济规律、生态规律和地学原理，对其发展变化趋势进行研究而对人类自身活动和环境所做的时间和空间的合理安排。环境规划实质上是一种克服人类经济社会活动和环境保护活动盲目性和主观随意性的科学决策活动。

环境规划的目的在于调控人类自身的活动，减少污染，防止资源破坏，从而保护人类生存、经济和社会持续稳定发展所依赖的基础——环境。编制和实施环境规划对于协调人与环境、经济与环境的关系以及保证可持续发展具有深远的意义。

环境规划的内涵体现在以下几方面：①环境规划研究对象是"社会—经济—环境"这一大的复合生态系统，它可以指整个国家，也可以指一个区域（城市、省区、流域）；②环境规划任务在于使该系统协调发展，维护系统良性循环，以谋求系统最佳发展；③环境规划根据社会经济学原理、生态原理、地学原理、系统原理和可持续理论，充分体现这一学科的交叉性、边缘性；④环境规划的主要内容是合理安排人类自身活动和环境，其中既包括对人类经济社会活动提出符合环境保护需要的约束要求，还包括对环境的保护和建设做出的安排和部署；⑤环境规划是在一定条件下优化，它必须符合一定历史时期的技术、经济发展水平和能力。

但是，我国目前区域环境规划的科学性水平不高，对区域经济发展环境保护的指导作用不强，问题主要表现在以下几个方面：

1. 规划的制定管理主体较为混乱

我国区域层面的规划管理权分属于中央和地方的不同部门，形成了事实上的纵向条条分割和地方之间的横向块块分割，由此导致不同的区域规划之间缺少必要的衔接和协调，区域规划常与国民经济和社会发展规划、国土规划、城镇规划等其他规划相矛盾，使得区域规划的实施执行机构无所适从。更有甚者，不同区域规划管理主体（尤其是地方规划管理主体）往往会从各自利益考虑，不顾资源环境等方面的承载能力，片面追求经济规模增长和短期利益，导致土地无限开发、生态环境恶化、项目重复建设等恶果。例如，重复建设机场、港口、重化工、娱乐企业，实际使用效率低，浪费严重。

2. 区域规划内容不尽科学

这主要表现在：先局部、后整体，按照部门或行业自下而上分别规划的情况较为普遍；能短期反映地方政绩的建设规划和固定资产投资的内容较多，而有关产业布局、资源配置、市场培育和软环境配套建设以及教育、医疗、就业等的内容则远远不够，即使有也大都是一些口号性的内容，可操作性差；一些地区（尤其是西部）甚至将区域规划的编制工作直接委托给某些高等院校师生做；在规划编制中照抄其他地区的现象也经常发生。这些都使规划脱离实际，毫无科学性。

3. 区域规划之间的协调不好

实际上，从中央到地方，从总体区域规划到专项区域规划几乎是同步推进，因而在协调各类区域规划时没有留下足够的时间。在前期研究过程中，区域规划基本上在各自的行政区域内自行确定，缺少宏观指导和跨行政区域的协调；在规划执行过程中，如发现原定的规划目标和任务有错误，那么及时调整就很有必要，但事实上各地都缺乏规范的规划修正程序，这样加剧了区域规划问题的协调难度。

（二）环境规划的类型

1. 按规划期划分

可分为长远环境规划、中期环境规划，以及年度环境保护计划。

2. 按环境与经济的辩证关系划分

可分为经济制约型规划、协调型规划、环境制约型规划。

3. 按环境要素划分

可分为大气污染控制规划、水污染控制规划、固体废物污染控制规划、噪声污染控制规划。

4. 按照行政区划和管理层次划分

可分为国家环境规划、省（区）市环境规划、部门环境规划、县区环境规划、农村环境规划、自然保护区环境规划、城市综合整治环境规划和重点污染源（企业）污染防治规划。

5．按性质划分

可分为生态规划、污染综合防治规划、保护区规划和环境科学技术与产业发展规划等。

（三）环境规划的内容

环境规划的内容应包括如下几点：

1．制定恰当的环境目标

环境规划目标是通过环境指标体系表征的，环境指标体系是一定时空范围内所有环境因素构成的环境系统的整体反映。

2．环境评价

环境评价是在环境调查分析的基础上，运用数学方法，对环境质量、环境影响进行定性和定量的评述。

3．环境预测

环境预测是指根据人类过去和现有已掌握的信息、资料、经验和规律，运用现代科学技术手段和方法对未来的环境状况和环境发展趋势，及其主要污染物和主要污染源的动态变化进行描述和分析。

4．环境功能区划

考虑到环境污染对人体的危害及环境投资效益两方面的因素，在确定环境规划目标前常常要先对研究区域进行功能区的划分，然后根据各功能区的性质分别制定各自的环境目标，这种对区域内执行不同功能的地区从环境保护角度进行的划分被称为环境功能区划。

5．规划方案设计

环境规划方案的设计是整个规划工作的中心，它是在考虑国家或地区有关政策规定、环境问题和环境目标、污染状况和污染削减量，以及投资能力和效益的情况下，提出具体的污染防治和自然保护的措施和对策。环境规划方案的决策是在特定的历史阶段中，根据人类社会生存和持续发展的需要，从各种可供选择的实施方案中，通过分析、评价、比较，选定一个切实可行的环境规划方案的过程。

6．规划实施

环境规划的重要工作是组织规划的实施，环境规划的编制、实施与管理是一个动态追踪的发展过程。实施环境规划的形式如下：

（1）综合型

这个类型的规划是综合、系统地完成了环境规划的实施政策，谋求实施政策相互间适当的调整及有效的执行。此类型规划立足于综合的、长期的展望，指出推行实施政策的目标，同时，进一步制订详细的中短期的实施规划用以补充完善综合型的规划。

（2）指导方针型

指导方针型适用于环境实施政策的进行。在指导人们进行与环境有关活动的规划中，将实施政策调整为指导方针型。这个类型的环境规划，为如何掌握人们的行动，以适应管理环境的问题提供指南。为此，实施综合型政策时，要特别重视诱导机能和调整机能，因而环境规划首先要明确环境的基本概念、理论、目标及指导方针，在这些区域的各种情况下拿出智慧、力量，创造良好的环境，起到铺设轨道的作用。

（3）公害防治规划型及特定项目实施规划型

这类规划是防治公害的项目，也是区域最重要课题的项目及区域环境特定项目实施政策的规划。另外，这个规划抓住当前特定的课题中要解决的重点，是具有预见性的中长期规划。因而容易掌握规划实行中的情况，并不断对规划进行重新评价。

作为进行管理的方针政策，这种规划大体上是推行行政主导的规划，和前两种规划相比较是被限定的，主要确保综合机能和调整机能，在较小的范围内能够容易实施。另外，这个类型的规划限定的环境项目，大部分实施定量目标的政策。

综上所述，环境规划编制的基本内容主要有：环境规划目标确定、制定环境规划指标体系、环境现状评价、环境预测、环境功能区划、环境规划方案优化、环境规划实施与管理。在编制具体环境规划时，可以依据其特点设计编制的基本程序。要认真做到以下几点：

①实行分层分级的区域（环境）规划，以克服利益的地方化、部门化。全国性的交通基础设施（如河海港口）、跨流域调水以及中央财政安排的重大建设项目等应纳入国家级区域环境规划；地方区域规划主要负责本辖区的城镇体系建设和布局、资源开发与利用、环境保护等，中央相关部委不再参与。同时，越是基层的区域规划应制订得越详细，并加大约束性和指令性指标，从而增强其执行力。

②科学确定区域环境规划内容，将整个区域的经济发展作为一个整体考虑，先整体后局部。规划制订工作本身必须经过严格的工作启动、调查研究、方案论证、组织体系设计、编制工作展开、进程控制等环节。规划中的建设项目如严重影响对历史文化资源的保

护利用以及环境保护等，对其可实行一票否决制。

③区域环境规划之间的协调，下一级规划的前期研究应提前于上一级规划，并统一纳入上一级规划的前期研究范围，从而使上一级规划的研究基础更牢实；上一级规划的通过时间应稍提前于下一级规划，以利于强化上级规划的指导性和协调性。建立针对若干区域环境重大问题的专门性协调解决机构，主要解决更大区域内（主要是指跨省区域）的协调发展问题（如重大基础设施的规划和实施、大流域的治理与环境保护等），并赋予其经济纠纷仲裁权。

④建立健全对规划的修改机制。规划修改方案必须由同级人大常委会审批备案，同时，其他有关的各级各类规划也应进行同步调整，并将通过的修改方案和论证理由作为原规划的附件。

（四）环境规划的技术方法

环境规划的技术方法应包括环境评价、环境预测和环境决策等方法。其中环境预测是环境规划中一项基本活动，贯穿渗透在环境规划过程的许多环节中，也是环境规划决策的基础。本节从综合集成的角度，简要介绍环境规划常用的预测技术方法，其他的方法与技术请参阅相关文献。

环境预测是一类针对环境领域有关问题的预测活动。通常指在环境现状调查评价和科学实验基础上，结合经济社会发展情况，对环境的发展趋势做出科学的分析和判断。环境预测在环境影响的分析评价中起着重要的作用。

1. 环境预测的主要内容

（1）社会发展预测

重点是人口预测，也包括一些其他社会因素的确定。

（2）经济发展预测

重点是能源消耗预测、国内生产总值预测和工业总产值预测等，同时也包括对经济布局与结构、交通和其他重大经济建设项目的预测与分析。

（3）环境质量与污染预测

环境污染防治规划是环境规划的基本问题，与之相关的环境质量与污染源的预测活动构成了当前环境预测的重要内容。例如，污染物总量预测，重点是确定合理的排污系数（如单位产品排污量）和弹性系数（如工业废水排放量与工业产值的弹性系数）。

（4）其他预测

根据规划对象具体情况和规划目标需要选定，如重大工程建设的环境效益影响，土地利用、自然保护和区域生态环境趋势分析，科技进步及环保效益。

2．预测方法选择

与一般预测的技术方法相同，有关环境预测的技术方法也大致分为以下两类：

定性预测技术，如专家调查法（召开会议，征询意见）、历史回顾法、列表定性直观预测等。这类方法以逻辑思维为基础，综合运用这些方法，对分析复杂、交叉和宏观问题十分有效。

定量预测技术这类方法多种多样，常用的有外推法、回归分析法和环境系统的数学模型等。这类方法以运筹学、系统论、控制论、系统动态仿真和统计学为基础，其中环境系统的数学模型对定量分析环境演变、描述经济社会与环境相关关系比较有效。用于环境系统的数学模型，是综合代数方程或微分方程建立的。

3．预测结果的综合分析

预测结果的综合分析评价，目的在于找出主要环境问题及其主要原因，并由此进一步确定规划的对象、任务和指标。预测的综合分析主要包括下述内容：

（1）资源态势和经济发展趋势分析

分析规划区的经济发展趋势和资源供求矛盾，同时分析经济发展的主要制约因素，以此作为制定发展战略、确定规划方案等问题的重要依据。

（2）环境发展趋势分析

在环境问题中，两种类型的问题在预测分析时应特别值得注意：一类是指某些重大的环境问题，例如全球气候变化、臭氧层破坏或严重的环境污染问题等，这些问题一旦发生会造成全球或区域性危害甚至灾难；另一类是指偶然或意外发生而对环境或人群安全和健康具有重大危害的事故，如核电站泄漏事故、化工厂爆炸、采油井喷、海上溢油、水库溃坝、交通运输中有毒物质的溢出和尾矿库或电厂水库溃坝等。对这类环境风险的预测和评价，有助于采取针对性措施，或者制定应急措施防患于未然，从而一旦发生事故时可减少损失。

二、战略环境评价概述

战略环境评价（SEA）是 20 世纪 80 年代国际上兴起的环境影响评价形式，目的是通过 SEA 消除或降低因战略规划缺陷对未来环境造成的不良影响，从源头上控制环境污染与生态破坏等环境问题的产生。

战略环境评价与项目环境评价虽同为环境资源管理手段，战略环境评价的研究对象是战略（即政策、计划、规划，3P），是涉及经济、社会、资源环境等方面的复杂巨系统，项目环境评价也可能涉及经济、环境、社会，但它所涉及的时空范围很小。要求战略环境评价具有处理国家或者区域社会、经济和环境等复杂因素的特殊能力，以及介入宏观决策过程的特殊性质。因此，对战略环境评价理论与方法的研究势必加强，新理论、新方法必然产生。近年来，国家环保部在大力宣传、推行战略环境评价工作。其在我国环境与发展综合决策中已发挥着越来越大的作用。

（一）战略环境评价与环境影响评价的联系与区别

环境影响评价（EIA），简称环评，可根据开发建设活动的类型来区分，可以分为以下四种类型：

1. 单个开发建设项目的环境影响评价

是为某个建设项目的优化选址和设计服务的，主要对某一建设项目的性质、规模等工程特性和对所在地区自然环境与社会环境的影响进行评估，提出环境保护对策与要求，进行简要的环境经济损益分析等。

2. 多个建设项目环境影响联合评价

是指在同一地区或同一评价区域内进行两个以上建设项目的整体评价，即将多个项目作为整体视若一个建设项目进行环境影响预测。所得预测结果能比较确切地反映出各单个建设项目对环境的综合影响，便于实行环境总量控制的对策。

3. 区域开发项目的环境影响评价

区域环境影响评价（REA）指的是：对区域内（如经济开发区、高科技开发区、旅游开发区等）拟议的所有开发建设行为进行的环境影响进行预测，筛选其主要环境问题，提出相应的环境保护对策，研究区域的环境容量及其承载能力；并从污染物总量控制及环境生态的变化等方面，提出区域经济发展的合理规模及结构的建议。评价为开展环境容量分析，进行环境污染总量控制，提出区域环境管理及环境保护机构设置意见。

4. 战略及宏观活动的环境影响评价

战略及宏观活动的环境影响评价，通常称战略环境评价（SEA），指的是对人类环境质量有重大影响的宏观人为活动，如国家的计划（规划）、立法、政策方案（或建议案）等进行环境影响分析，着眼于全国的、长期的环境保护战略，考虑的是一项政策、一个规划可能造成的影响。这类评价所采用的方法多是定性和半定量的预测方法和各种综合判断、分析的方法，是为最高层次的开发建设决策服务的。

传统的环境影响评价主要着眼于开发活动的项目层次，不能充分考虑所有相关的替代方案和环境影响，缺乏战略眼光。战略环境评价（SEA）是环境影响评价（EIA）在政策、计划和规划层次上的应用。它不是将 EIA 的方法直接地、简单地从项目层次移植到战略层次，而是 EIA 的原则在战略层次的应用，是 EIA 与可持续性原则相融合的产物。因此，两者的关系是：SEA 在先，EIA 在后。同时，REA 是 SEA 在中国的具体实施，是规划层次上（即战略类型的最低层次）的 SEA。

（二）战略环境评价的发展过程

由于不同的国家有不同的政治制度和经济运行机制，因此不存在一个通用的战略环境评价定义，不同的国家可以根据自己的政治环境和经济系统采用不同的定义，以使环境评价的过程能扩展到战略层次上去。

1. SEA 概念的提出

20 世纪 70 年代中期，欧美一些发达国家开始认识到单个项目环境影响评价的不足，开始将环境影响评价的应用扩展到规划层次。80 年代初期，又将环境影响评价的应用扩展到政策层次。80 年代末，随着可持续发展战略的提出，具有战略视角的战略环境评价便应运而生，并开始被各国广泛接受。对项目环境影响评价局限性认识不断加深和实现可持续发展战略的要求，是战略环境评价产生并日益受到重视的两个根本原因。

SEA 被定义为：对提议的战略决策、政策、规划、法律或重大计划的环境评价过程。这个定义的缺点是，它有可能暗示了 SEA 与政策、计划和规划的制定过程是相互分离的。SEA 是对政策、规划或计划及其替代方案的环境影响的正式、系统和完整的评价过程，包括编写基于评价结论的书面报告并将评价结论用于公共决策制定中。SEA 是系统评价拟议政策、规划或计划行动的环境影响过程，其目的是确保这些环境影响能够在决策的最早阶段与经济、社会方面一起得到充分及适当的考虑。SEA 是一种能够在政策、规划和计划的形成和决策过程中为领导者和管理者提供有效帮助的环境影响评价手段。

由以上定义可看出：SEA 是评价政策、规划、计划的系统过程；SEA 目的在于环境问题和替代方案尽量在决策链的早期得到解决；SEA 被视为综合环境和社会经济目标的工具，基本目的是实现可持续发展；SEA 不同于 EIA，其本身不是目标，而是辅助决策制定者考虑潜在环境影响的工具。

2. 战略环境评价的目标和原则

SEA 的最终目标是：保护环境、促进可持续性。SEA 是通过将环境问题纳入决策过程中来实现该目标的。

SEA 的基本原则为：SEA 是一个改进战略行为的工具，而不是一个回顾性的程序；SEA 应该鼓励其他利益相关者参与到决策制定过程中；SEA 不应该像项目 EIA 那样详细，不应该是大量本底数据的简单集合；SEA 应充分考虑替代方案，帮助确定战略行为的最佳方案；SEA 应该将消极影响最小化、积极影响最大化，并且弥补利益的损失；应尽可能在战略制定的早期阶段进行 SEA；建立有效的合作交流机制。

（三）战略环境评价重大意义

战略环境评价最关键的一点，是在面对经济发展造成重大环境影响的背景下，对未来区域发展不同情景进行模拟分析，从而为区域发展规划与环境规划等相关政策的制定提供有力的决策支持。战略环境评价（SEA）是我国实现可持续发展、建设资源节约型和环境友好型社会的重要工具和手段。

战略环评的核心思想，是从源头上控制环境污染。战略环评分为法规、政策和规划环评。就中国国情而言，战略环评的切入点在规划环评，推进规划环评就是推进战略环评。原来只注重对建设项目开展环境影响评价，但建设项目只处于整个决策链（战略、政策、规划、计划、项目）的末端，所以，建设项目环评也只能补救小范围的环境损害，无法从源头上保护环境，不能指导政策或规划的发展方向，也不能解决开发建设活动中产生的宏观影响、间接影响、二次影响、累积影响。中国过去在制定重大经济政策时，缺少战略环评这个重要环节，很少考虑可能将产生的环境后果，以至于在执行的过程中引发了大面积的环境污染和生态破坏。例如，大都市由于在规划中没有充分考虑环线路网带给城市交通、市民居住、环境安全的负面影响，如今已造成了大都市交通长期拥堵不堪，城市布局像"摊大饼"一样地无限扩张，加剧了城区内空气污染和热岛效应。中西部省区在做能源、电力、重化工基地建设规划时，由于没有考虑到发展这些重污染行业必会与脆弱的生态环境产生尖锐矛盾，尤其是区域内有限的资源根本无法支撑如此规模的开发活动，已造成了几代人都难以恢复的生态问题。中国大大小小的规划和政策由于没有充分考虑到环境资源可持续利用，致使经济增长仍是拼资源拼环境的粗放型增长。不重视战略环境评价将付出重大代价。

（四）战略环境评价实施中还存在着理论与方法层面的若干问题

1. 存在的缺陷

第一，从已开展的战略环评所涉及的对象看，区域规划层次的环评较多，对政策、法规进行评价不多，战略环评体系不完整。

第二，评价者受外界干扰多，缺乏科学研究的独立性；环评结果缺乏可靠性。

第三，即使区域环境影响评价（REA）即战略类型的最低层次，也存在着理论与方法层面的若干不足：评价多从环境的角度，没有充分考虑经济、社会与环境的相互作用，即使研究了产业发展与污染物排放的关系，人口规模对经济活动和资源需求的影响，也未能将某战略所涉及的对象视为一个复杂巨系统，缺乏对各子系统彼此之间的充分研究，缺乏应有的系统性和整体性，分析中不能一以贯之，离 SEA 的宗旨有距离。

第四，现有战略环境评价的技术方法偏旧，好的例子不多，静态评价多，动态预测少，没有建立一套普适性的评价方法体系；缺乏实证研究，不同方法与结果之间缺乏对比，也难以优化；对产业布局、资源配置、市场培育和教育、医疗、就业等内容，彰显地域文化与人文精神内容的评价不足；战略环境评价缺乏合理的数据，不顾数据的可得性，经常做定性的评价（应该在环评报告书中指出数据缺陷，以便在将来认识）；战略环境评价中替代方案少而且不着实质，因为替代方案是达到未来目标的各种不同方法，战略环境评价的质量和创新在很大程度上取决于所考虑的替代方案的类型，如果替代方案少而且受限，那么将影响战略环境评价对战略行为的提高。显然，能够得到一个更好的战略行为的战略环境评价就是成功的战略环境评价。

2. 对区域总体发展规划的战略环评的建议

第一，经济、社会、资源和环境为一个复杂巨系统，如何根据地区所处的发展阶段划定 SEA 必须研究内容的边界？经济、环境、社会相互耦合的程度最低需要多少才能满足最基本的评价内容和要求？环评指标应考虑经济后果，要立足经济研究，要考虑节能减排初期增加的成本，战略环评指标应该因地制宜。

第二，战略环评应成为主体功能区划分的依据，规划应该服从和体现环评要求。寻找不同发展阶段各子系统间的平衡点，不仅对总系统的一些静止状态，还要对其变化过程予以分析、预测和评价。

第三，规划的各项指标中，从现实基础与表现出发，按几种发展路径或传统重化工路径，或严格执行节能减排达标路径，或中间道路，经过 5 年、10 年、20 年的发展预测实现规划的可能性，寻找需要的条件、内外动力与约束；大致描绘、预测当前现状在各种约束条件下向战略目标发展的动态过程，解决主体功能区划分的依据问题。

第四，研究合适的分类、计算、预测的工具和方法，优化寻找环境与经济、社会平衡点的技巧。使得 REA 或 SEA 不停留在定性预测的阶段，而能利用现有的软、硬件进行半定性、半定量，或局部全定量的预测和分析，且满足多快好省的评价目的。

第五，解决各类数据、信息、地图的来源与处理，特别是信息识伪、鉴别问题。

以某区域建立两型社会的规划为例，经济、环境应该并重，以环境不能再继续恶化为底线来考虑战略环境评价。现研究最低要求的 SEA 内容：计算经济的各项指标、规模将对环境有多大的压力（P）；计算环境容量和现有环保设施所能提供的环境承载能力（Q）；当 $P>Q$ 时，预测需要多少资金（A）才能进一步提高环境承载能力 0，使 $P=Q$，或 $P<Q$，环境不恶化；计算花费资金 A 合不合算，若经济增长的钱 $B \leqslant A$，必须修改经济计划，调整区域发展规划；可做出若干替代方案。尽量利用已有的各种计算、预测方法，若不够，需探索新理论、新方法；所需数据可以利用政府公开的资料。在做具体评价时一时得不到数据，可适当假定或推测，说明理由或出处。把所需数据、材料列入战略环境评价导则。

第六，战略环境评价工作质量与技术操作平台好坏、信息获取难易、决策是否民主关系密切。加大技术操作平台如 SEA 综合集成研讨厅的建设，是战略环境评价重要与艰巨的任务。

综合集成研讨厅是解决开放复杂巨系统问题可行的研究方法，为战略环境影响评价的研究指明了方向。SEA 综合集成研讨厅由（价值取向、知识结构、职业背景、权力层次多元化的）研讨参与者、计算机系统、数据库、模型库、专家库和分布式网络等构成，运用多种手段对区域人地系统展开研究、建模，优化不同发展阶段各子系统间的平衡点，构建了综合集成研讨厅体系这一利器，就可能多、快、好、省地进行战略环评，实现数据翔实、资料丰富、分析系统、综合科学、评价客观、预测准确的结果。

第四章　环境污染防治

第一节　大气、水、土壤污染防治

一、大气污染防治

（一）大气的结构与组成

1. 大气的结构

地球的最外层被一层约 5×10^{15} t 的混合气体包围着。由于受地心引力的作用，大气在垂直方向的分布极不均匀，大气的质量主要集中在下部，50% 的质量集中在离地面 5 km 以下，75% 集中在 10 km 以下，90% 集中在 30 km 以下的范围内。距离地面 1 000 ~ 1 400 km 的高空，气体已非常稀薄。按照大气垂直分布的特点分为 5 层，分别是对流层、平流层、中间层、暖层和散逸层。

（1）对流层

对流层是大气的最底层，其平均厚度约 12 km，对流层集中了大气中 80% 的空气和几乎全部的水蒸气。对流层内具有强烈的对流作用，云、雾、雨、雪等主要天气现象均出现在此层。在对流层内气温随高度升高而递减，大约每升高 100 m，温度降低 0.6℃。

（2）平流层

位于对流层顶部到距地面约 50 km 的高度范围的大气层为平流层。平流层中空气没有垂直对流运动，是现代超音速飞机飞行的理想场所。在平流层中，距离地面 15 ~ 35 km，有厚约 20 km 的臭氧层。臭氧层能大量吸收太阳光中对动植物有害的紫外线，对地球起保温作用。

（3）中间层

从平流层顶到 80km 高度这一层称为中间层。这一层大气中，几乎没有臭氧，因此下层气温比上层高，从而形成空气强烈的垂直对流运动，故又称为高空对流层或上对流层。

（4）暖层

从中间层顶部到 800 km 高度这一层称为暖层。由于太阳和宇宙射线的作用，该层大部分空气分子发生电离，使其具有较高密度的带电粒子，故又称电离层。电离层能将电磁波反射回地球，故对全球性的无线电通信有重大意义。

（5）散逸层

暖层之上的大气统称为散逸层。逸散层中空气极为稀薄，其密度几乎与太空密度相同，由于该层空气受地心引力极小，分子运动快，很容易逃逸到宇宙空间。

2. 大气的组成

自然状况下的大气由干燥清洁的空气、水蒸气和各种杂质组成。干洁空气的主要成分是氮气（N_2）、氧气（O_2）、惰性气体、二氧化碳（CO_2）、甲烷（CH_4）等，其中按照体积所占比例为：氮气 78.09%、氧气 20.95%、惰性气体 0.93%。

（二）大气污染的分类

按照国际标准化组织（ISO）做出的定义，大气污染是指由于人类活动和自然过程引起某种物质进入大气中，呈现出足够的浓度，达到足够的时间，并因此而危害了人体的舒适、健康和福利或危害了环境的现象。

1. 大气污染源的分类

能够释放污染物到大气中的装置（指排放大气污染物的设施或者排放大气污染物的建筑构造）称为大气污染源。按污染源存在的形式可以划分为固定源和流动源，按照预测模式的模拟形式可以划分为点源、面源、线源、体源，按污染物排放空间可以划分为高架源、地面源，按污染物排放时间状况可以划分为连续源、间断源和瞬时源，按人类社会活动功能可以划分为工业污染源、农业污染源、交通运输污染源和生活污染源。

（1）工业污染源

各类工矿企业称为工业污染源，如火力发电厂、钢铁厂、焦化厂、化工厂及水泥厂等。它们的大气污染物排放主要有 3 个途径：①能源燃烧过程中排出大量废气和粉尘；②生产过程中排放的有害气体；③由于生产管理不善造成的跑、冒、滴、漏及固体废物处理过程中排放的大量污染物。

（2）农业污染源

农药及化肥的使用，对提高农业产量起着重大的作用，但也给环境带来了不利影响，致使施用农药和化肥的农业活动成为大气的重要污染源。

（3）交通运输污染源

交通运输污染源也称流动污染源，是指由汽车、飞机、火车、船舶等交通工具排放尾气所产生的污染源。

（4）生活污染源

人们由于烧饭、取暖、沐浴等生活需要燃烧燃料向大气排放煤烟等造成大气污染。

2. 大气污染物的分类

大气污染物的种类很多，根据污染物的来源可分为一次污染物、二次污染物。一次污染物，是指直接从各种排放源进入大气的污染物质，如颗粒物、硫氧化物、氮氧化物、碳氧化物等；二次污染物，是指由一次污染物在大气中相互作用，或与大气中的正常组分发生化学反应或光化学反应，而形成的与一次污染物物理、化学性质完全不同的新的大气污染物，其毒性较一次污染物强。较常见的二次污染物有光化学烟雾、硫酸烟雾等。

根据大气污染物存在的状态，可分为颗粒污染物及气态污染物两种。

（1）颗粒污染物

颗粒污染物是指包含在大气中的分散的液态或固态物质，按粒径大小分为降尘、总悬浮颗粒物（TSP）、可吸入颗粒物（PM_{10}）、细颗粒物（$PM_{2.5}$）等。

①降尘

降尘是指在空气环境条件下，短时间内能靠重力而自然沉降的颗粒物，它的粒径在10 μm 以上。其测定方法是空气中可沉降的颗粒物，沉降在集尘缸内，以此计算降尘浓度。

②总悬浮颗粒物

总悬浮颗粒物是指能悬浮在空气中，粒径在100 μm 以下的颗粒物，记作 TSP，是大气质量评价中的一个通用的重要污染指标。

③可吸入颗粒物

可吸入颗粒物是指悬浮在空气中，粒径小于或等于10μm 能进入人体呼吸系统的颗粒物，记作 PM_{10}。可吸入颗粒物的浓度以 $1m^3$ 空气中可吸入颗粒物的毫克数表示。

④细颗粒物

细颗粒物是指大气中粒径小于或等于 2.5μm 的颗粒物，也称为可入肺颗粒物，记作 $PM_{2.5}$。虽然 $PM_{2.5}$ 只是地球大气成分中含量很少的组分，但它对空气质量和能见度等有重要的影响。PM$_{2.5}$粒径小，富含大量的有毒、有害物质且在大气中的停留时间长、输送距离远，因而对人体健康和大气环境质量的影响更大。

（2）气态污染物

气态污染物是在常温、常压下以分子状态存在的污染物。常见的有五大类：硫氧化物、氮氧化物、碳氧化物、碳氢化合物及卤族化合物。

①硫氧化物

主要指二氧化硫（SO$_2$）、三氧化硫（SO$_3$）、硫化氢（H$_2$S）等，其中二氧化硫含量大、危害大，严重影响大气质量。二氧化硫为无色反应性气体，吸入后会损害人的呼吸系统，使人出现咳嗽、哮喘等症状，严重时会引发支气管炎和心血管方面的疾病。

②氮氧化物

氮氧化物包括多种化合物，如一氧化二氮（N$_2$O）、一氧化氮（NO）、二氧化氮（NO$_2$）、三氧化二氮（N$_2$O$_3$）、四氧化二氮（N$_2$O$_4$）和五氧化二氮（N$_2$O$_5$）等。除二氧化氮以外，其他氮氧化物均极不稳定，遇光、湿或热易变成二氧化氮及一氧化氮。环境中接触的是几种气体混合物，常称为硝烟（气），主要为一氧化氮和二氧化氮。氮氧化物都具有不同程度的毒性。

造成大气污染的含氮化合物主要有一氧化氮、二氧化氮以及由它们生成的二次污染物。大气中的氮氧化物主要是由人为污染源产生的，如燃料的燃烧、汽车尾气、硝酸工业、氮肥厂、有色及黑色金属的加工等。

③碳氧化物

主要指的是一氧化碳（CO）及二氧化碳（CO$_2$）。一氧化碳主要来自燃料的不完全燃烧和汽车尾气。二氧化碳是无毒气体，但在局部区域的空气中浓度过高时，会导致氧含量相对减少而对人体产生不良影响。此外，由于地球上二氧化碳排放量逐年增加，导致温室效应加剧，全球气候变暖。

④碳氢化合物

指的是由碳、氢两种元素组成的各种有机物的总称。大气中的碳氢化合物主要来自煤和石油的燃烧，以及汽车尾气等。

⑤卤族化合物

主要是指卤代烃及卤化物等。这类物质在低层大气中一般比较稳定，但一到高空就会分解，产生氯原子而加速臭氧层中的臭氧分解，导致"臭氧空洞"。

3. 影响大气污染的主要因素

（1）气象因素

一个典型的大城市每天向大气中排放几千吨空气污染物，如果没有风、降水等气象因素而引起的大气的自净和扩散作用，该地区局部空气会很快因污染而对人类及动植物造成致命伤害。世界上一些著名的大气污染事件都是在特定气象条件下发生的，实践证明，风向、风速、大气的稳定度、降水情况和雾是影响大气污染的重要气象因素。

进入大气中的污染物，受大气水平运动以及大气的各种不同程度的扰动运动的影响，会形成不同程度的输送。风对污染物的扩散有两个作用：一是整体的输送作用，二是冲淡稀释作用。目前，所关注的沙尘暴、$PM_{2.5}$、酸雨等都是由大气污染物在大气中的输送造成的区域性污染。

在对流层内，随着高度的增加，气温递减，空气上层冷下层暖。这种大气层结构容易发生上下对流运动，可将近地面层的污染物向高空和远距离输送、扩散，从而使地面上空污染程度减轻。在某些天气条件下，地面上空的大气结构会出现气温随高度增加而升高的反常现象，称为"逆温"，发生逆温现象的大气层称为逆温层。逆温层像一层厚厚的被子罩在上空，使上下层空气不流动，近地面层大气污染物"无路可走"，越积越多，空气污染就越来越重。

（2）地理因素

地形和地貌的差异，造成地表热力性质的不匀性。近地层大气的增热和冷却速度不同，往往形成局部空气环流，其水平范围一般在 10～12km。局部环流对当地的大气污染起显著作用，典型的局部空气环流有海陆风、山谷风、城市热岛效应等。

①海陆风

海陆风是海风和陆风的总称。白天地表受太阳辐射后，陆地增温比海面快，陆地上的气温高于海面上的气温，出现了由陆地指向海面的水平温度梯度，因而形成热力环流，下层风由海面吹向陆地，称为海风，上层则有相反气流，由大陆流向海洋。到了夜间，地表散热冷却，陆地冷却比海面快使陆地上气温低于海面，形成和白天相反的热力环流，下层风由陆地吹向海面，称为陆风。海陆风的环状气流，不能把污染源排出的污染物完全扩散出去，而使一部分污染物在大气中循环往复，对大气污染物扩散极其不利。

②山谷风

山谷风是山风和谷风的总称。它发生在山区，由于热力的原因，白天山坡吸收太阳辐射比山谷快，故风从谷地吹向山坡，叫谷风；晚上山坡比谷地冷却快，故风从山顶吹向谷地,叫山风。在山风和谷风的转换期,风向是不稳定的,时而山风,时而谷风。此时若有大量污染物排入山谷中,由于风向的摆动,污染物不易扩散,在山谷中停留时间很长,特别是夜晚,山风风速小,并伴随有逆温出现,大气稳定,最不利于污染物的扩散,易造成严重的大气污染。

③城市热岛效应

工业的发展、人口的集中,使城市热源和地面覆盖物与郊区形成显著的差异,从而导致城市比周围地区热的现象,称为城市热岛效应。城市气温比周围郊区和乡村高,风从城市四周吹向城市中心,把郊区污染源排出的大量的污染物输送到市中心,造成严重的污染。

(三)大气污染的综合防治

1. 大气污染防治措施

(1)全面规划、合理布局

大气环境质量受各种各样的自然因素和社会因素影响,必须进行全面环境规划并采取综合防治措施,才能获得长期效益。如工业布局应考虑厂址建设地点的气象条件(城市下风向、风速较大)和地理条件(不能在凹地)以有利于污染物扩散;工厂应分散布设,与居民区之间留有绿化空地,以有利于污染物的自然净化;严格划分城市功能区,在居民区、风景游览区、水源地上游不能建污染严重的单位等。

(2)加强对大气污染源的防治

采用先进工艺技术,实施清洁生产,努力降低物耗、能耗,减少废气产生。改善能源结构,重点抓好煤炭污染防治,推进煤炭液化、气化,综合利用煤层气。紧密结合国家宏观调控,严格环保准入标准,重点控制重污染行业的盲目发展,淘汰落后的生产工艺和技术,加强污染防治的监管。

我国是以煤为主的能源结构,能耗大、浪费多、污染严重,必须改革能源结构并大力节能,这也是一项根本性的控制和防治大气污染的方法。措施包括对燃料进行预处理,如燃料脱硫、煤的气化或液化等;因地制宜,积极开发水电、地热、风能、海洋能及太阳能等清洁能源;改变供热方式,由分散、低矮的烟囱改为区域采暖、集中供热,并选择有利于污染物扩散的排放方式。

(3)控制流动污染源

随着经济的持续高速发展,我国城市汽车持有量急剧增加,因而对城市区域的大气污染日益明显。对汽车尾气综合治理和加强监测、普及无铅汽油、开发环保汽车等，对城市区域大气环境保护是尤其重要的措施。

（4）绿化造林

绿化造林不仅可以美化环境、调节大气温度和湿度、保持水土等，而且在净化大气环境及降低噪声方面也有显著成效，因而是大气污染防治的有效措施。绿色植物不仅可以吸收 CO_2 进行光合作用释放出 O_2，而且对空气中的粉尘及各种有害气体都有阻挡、过滤及吸收作用。有统计资料表明，若城市居民平均每人有 $10 \ m^2$ 树林或 $50 \ m^2$ 草地，即可保持空气清新。因此，城市环境应维持一定比例的绿地面积，以达到既美化城市环境，又净化和缓冲城市区域大气污染的作用。

2. 大气污染防治行动计划

（1）加大综合治理力度，减少多污染物排放

加强工业企业大气污染综合治理，全面整治燃煤小锅炉。加快重点行业脱硫、脱硝、除尘改造工程建设。推进挥发性有机物污染治理；深化面源污染治理，不但要综合整治城市扬尘还要开展餐饮油烟污染治理；强化移动源污染防治，加强城市交通管理。加强油品质量监督检查，提升燃油品质。采取划定禁行区域、经济补偿等方式，逐步淘汰黄标车和老旧车辆。鼓励出租车每年更换高效尾气净化装置。开展工程机械等非道路移动机械和船舶的污染控制。不断提高低速汽车（三轮汽车、低速货车）节能环保要求，减少污染排放，促进相关产业和产品技术升级换代。公交、环卫等行业和政府机关要率先使用新能源汽车，采取直接上牌、财政补贴等措施鼓励个人购买。

（2）调整优化产业结构，推动产业转型升级

修订高耗能、高污染和资源性行业准入条件，明确资源能源节约和污染物排放等指标；结合产业发展实际和环境质量状况，进一步提高环保、能耗、安全、质量等标准，分区域明确落后产能淘汰任务，倒逼产业转型升级；加大环保、能耗、安全执法处罚力度，建立以节能环保标准促进"两高"行业过剩产能退出的机制；认真清理产能严重过剩行业违规在建项目，对未批先建、边批边建、越权核准的违规项目，尚未开工建设的，不准开工，正在建设的，要停止建设。

（3）加快企业技术改造，提高科技创新能力

加强灰霾、臭氧的形成机理、来源解析、迁移规律和监测预警等研究，为污染治理提供科学支撑；加强大气污染治理先进技术、管理经验等方面的国际交流与合作；对钢铁、水泥、化工、石化、有色金属冶炼等重点行业进行清洁生产审核，针对节能减排关键领域

和薄弱环节，采用先进适用的技术、工艺和装备，实施清洁生产技术改造；鼓励产业集聚发展，实施园区循环化改造，推进能源梯级利用、水资源循环利用、废物交换利用、土地节约集约利用，促进企业循环式生产、园区循环式发展、产业循环式组合，构建循环型工业体系；着力把大气污染治理的政策要求有效转化为节能环保产业发展的市场需求，促进重大环保技术装备、产品的创新开发与产业化应用。

（4）加快调整能源结构，增加清洁能源供应

制定国家煤炭消费总量中长期控制目标，实行目标责任管理；加大天然气、煤制天然气、煤层气供应；提高煤炭洗选比例，新建煤矿应同步建设煤炭洗选设施，现有煤矿要加快建设与改造；严格落实节能评估审查制度，新建高耗能项目单位产品（产值）能耗要达到国内先进水平，用能设备达到一级能效标准。

（5）严格节能环保准入，优化产业空间布局

按照主体功能区规划要求，合理确定重点产业发展布局、结构和规模，重大项目原则上布局在优化开发区和重点开发区；提高节能环保准入门槛，健全重点行业准入条件，公布符合准入条件的企业名单并实施动态管理；科学制订并严格实施城市规划，强化城市空间管制要求和绿地控制要求，规范各类产业园区和城市新城、新区设立和布局，禁止随意调整和修改城市规划，形成有利于大气污染物扩散的城市和区域空间格局。

（6）发挥市场机制作用，完善环境经济政策

本着"谁污染、谁负责，多排放、多负担，节能减排得收益、获补偿"的原则，积极推行激励与约束并举的节能减排新机制；积极推进煤炭等资源税从价计征改革。符合税收法律法规规定，使用专用设备或建设环境保护项目的企业以及高新技术企业，可以享受企业所得税优惠；深化节能环保投融资体制改革，鼓励民间资本和社会资本进入大气污染防治领域。

（7）健全法律法规体系，严格依法监督管理

研究起草环境税法草案，加快修改环境保护法，尽快出台机动车污染防治条例和排污许可证管理条例。各地区可结合实际，出台地方性大气污染防治法规、规章；完善国家监察、地方监管、单位负责的环境监管体制，加强对地方人民政府执行环境法律法规和政策的监督；推进联合执法、区域执法、交叉执法等执法机制创新，明确重点，加大力度，严厉打击环境违法行为；国家每月公布空气质量最差的 10 个城市和最好的 10 个城市的名单，各省（区、市）要公布本行政区域内地级及以上城市空气质量排名，地级及以上城市要在当地主要媒体及时发布空气质量监测信息。

（8）建立区域协作机制，统筹区域环境治理

建立京津冀、长三角区域大气污染防治协作机制，由区域内省级人民政府和国务院有关部门参加，协调解决区域突出环境问题，组织实施环评会商、联合执法、信息共享、预警应急等大气污染防治措施，通报区域大气污染防治工作进展，研究确定阶段性工作要求、工作重点和主要任务；对未通过年度考核的，由环保部门会同组织部门、监察机关等部门约谈省级人民政府及其相关部门有关负责人，提出整改意见，予以督促。

（9）建立监测预警应急体系，妥善应对重污染天气

环保部门要加强与气象部门的合作，建立重污染天气监测预警体系；空气质量未达到规定标准的城市应制磨砺和完善重污染天气应急预案并向社会公布；要落实责任主体，明确应急组织机构及其职责、预警预报及响应程序、应急处置及保障措施等内容，按不同污染等级确定企业限产停产、机动车和扬尘管控、中小学校停课以及可行的气象干预等应对措施；要依据重污染天气的预警等级，迅速启动应急预案，引导公众做好卫生防护。

（10）明确政府企业和社会的责任，动员全民参与环境保护

地方各级人民政府对本行政区域内的大气环境质量负总责，要根据国家的总体部署及控制目标，制定本地区的实施细则，确定工作重点任务和年度控制指标，完善政策措施，并向社会公开；各有关部门要密切配合、协调力量、统一行动，形成大气污染防治的强大合力；加强大气环境管理专业人才培养，倡导文明、节约、绿色的消费方式和生活习惯，引导公众从自身做起、从点滴做起、从身边的小事做起，在全社会树立起"同呼吸、共奋斗"的行为准则，共同改善空气质量。

（四）大气污染控制技术

大气污染控制技术主要分两类，分别是颗粒污染物控制技术和气态污染物控制技术。

1. 颗粒污染物控制技术

颗粒污染物控制技术就是气体与粉尘微粒的多相混合物的分离操作技术，即除尘技术。微粒不一定局限于固体，也可以是液体微粒。从气体中去除或捕集固体或液体微粒的设备称为除尘装置或除尘器。根据除尘机理的不同，除尘装置一般可分机械式除尘器、洗涤式除尘器、过滤式除尘器和电除尘器等几种类型。

（1）机械式除尘器

机械式除尘器是利用重力、惯性力、离心力等方法来去除尘粒的除尘器，包括重力沉降室、旋风除尘器和惯性除尘器等类型。这种除尘器构造简单、投资少、动力消耗低，除

尘效率一般在40%~90%，是国内目前常用的一种除尘设备。

（2）湿式除尘器

湿式除尘器是使含尘气体与液体（一般为水）相互接触，利用水滴和颗粒的惯性碰撞及拦截、扩散、静电等作用捕集颗粒的装置。根据湿式除尘器的净化机理，可将其分成七类：重力喷雾洗涤器、旋风洗涤器、自激喷雾洗涤器、板式洗涤器、填料洗涤器、文丘里洗涤器、机械诱导喷雾洗涤器。

（3）过滤式除尘器

过滤式除尘器，又称空气过滤器，是使含尘气流通过过滤材料，利用过滤材料的筛分、惯性碰撞、扩散、黏附、静电和重力等作用而将粉尘分离捕集的装置。袋式除尘器的除尘效率一般可达99%以上。由于它效率高、性能稳定可靠、操作简单，因而获得广泛应用。

（4）电除尘器

电除尘器是利用静电力从气流中分离悬浮粒子（尘粒或液滴）的装置，电除尘器的除尘效率一般可大于99%，对微小尘粒也有足够的捕集效率，新建项目中使用较多。

2. 气态污染物控制技术

常见的气态污染物，如二氧化硫（SO_2）、氮氧化物（NO_x）、氟化氢（HF）、挥发性有机物（VOC）等。以下简要介绍SO_2、NO_x这两类气态污染物的控制技术。

（1）二氧化硫控制技术

目前，国内外应用的二氧化硫的控制途径有三种：燃烧前脱硫、燃烧中脱硫、燃烧后脱硫（即烟气脱硫）。其中，烟气脱硫法是控制二氧化硫污染的主要技术手段。燃烧前脱硫主要是物理选煤法、化学选煤法和生物脱硫技术；燃烧中脱硫技术主要有型煤固硫技术、循环流化床燃烧、炉内喷钙尾气增湿固硫技术；烟气脱硫技术主要利用各种碱性的吸收剂或吸附剂捕集烟气中的二氧化硫。

①湿法脱硫工艺

湿法脱硫是世界上应用最多的工艺，其原理是，采用碱性浆液或溶液作为吸收剂在吸收塔内对含有二氧化硫的烟气进行喷淋洗涤，使二氧化硫和吸收剂反应生成亚硫酸盐和硫酸盐。常用的湿法工艺有：石灰石/石灰—石膏法、双碱法、氨酸法、钠盐循环法、碱式硫酸铝法、水和稀酸吸收法、氧化镁法以及海水脱硫等。

②半干法脱硫工艺

半干法脱硫工艺的特点是反应在气、固、液三相中进行，利用烟气湿热蒸发吸收液中的水分，使最终产物为干粉状。主要脱硫工艺有：喷雾干燥法、烟气循环流化床脱硫、增湿灰循环脱硫。

③干法脱硫工艺

干法脱硫工艺的特点是反应在无液相介入的完全干燥的状态下进行，反应产物为干粉状态，不存在腐蚀、结露等问题。主要的工艺有：荷电干式喷射脱硫法、电子束照射法、脉冲电晕等离子体法。

（2）氮氧化物控制技术

氮氧化物包括一氧化二氮、一氧化氮、二氧化氮、三氧化二氮、四氧化二氮、五氧化二氮等，其中，对大气造成污染的主要是一氧化氮、二氧化氮、一氧化二氮。烟气脱硝是近期内控制氮氧化物最重要的方法，目前发达国家普遍采用，具有很高的脱除效率。

烟气脱硝技术有：电子束照射法和脉冲电晕等离子体法、选择性催化还原法（SCR）、选择性非催化还原法（SNCR）、液体吸收法、固体吸附法等。

①液体吸收法

该法用碳酸钠、氢氧化钠、石灰乳或氨水溶液来吸收氮氧化物废气。

②选择性催化还原法（SCR）

选择性催化还原法是利用钒或铜作为催化剂有选择地将氮氧化物还原成氮气从而达到使废气脱色和消除污染的目的。此法以氨为还原剂，在较低温度和催化剂的作用下，不同尾气中的氧气反应，仅将废气中的氮氧化物还原为氮气。SCR 技术的脱硝率能达到90%以上。

③选择性非催化还原法（SNCR）

在 900~1 100℃温度范围内，在无催化剂的作用下，氨或尿素等氨基还原剂可有选择性地把烟气中的氮氧化物还原为氮气和水。

二、水污染防治

我国水污染问题日益突出，已经成为制约我国社会和经济发展的重大问题。积极开展水污染控制技术研究，对于推动我国水污染控制技术的跨越发展，控制水污染、改善水环境、确保水安全以及促进社会、经济和环境的协调发展具有重要意义。

（一）水污染的分类

水环境污染是指排入水体的污染物在数量上超过了该物质在水体中的本底含量和水体

的环境容量，从而导致水体的物理特征、化学特征和生物特征发生不良变化，破坏了水中固有的生态系统，破坏了水体的功能及其在经济发展和人民生活中的作用。

1. 按照污染物性质分类

根据各类污染物性质，可归纳为化学性、物理性和生物性三大类污染物。

（1）化学性污染物

化学性污染物包括：①无机污染物，包括酸、碱和一些无机盐类，主要来自矿山排水、相关工业废水与酸雨等；②无机毒物，主要是重金属等有潜在长期影响的物质，其中汞、镉、铅等危害较大，砷、铬（六价）、硒、氰化物、氟化物等，均属无机毒物；③有机毒物，主要是各种有机农药、多环芳烃、芳香胺等；④需氧污染物质，生活污水、牲畜污水和某些工业废水中所含的碳水化合物、蛋白质、脂肪和酚、醇等有机物质，可在微生物需氧条件下被分解，故称为需氧污染物质；⑤植物营养物质，包括氮、磷等植物营养物质，主要来源于生活污水、农田径流水；⑥油类污染物质，来自炼油和石油化工工业、海底石油开采、油轮压舱以及大气中污染碳氢化合物的沉降等。

（2）物理性污染物

物理性污染物包括：①悬浮颗粒物，包括有机与无机固体颗粒和泡沫等，主要由生活污水、垃圾和相关工矿企业排水所致，或农田水土流失所致；②热污染，来自热电厂、核电站及各种工业过程中的冷却水，可能引起水温升高、溶解氧含量降低、水中存在的某些有毒物质的毒性增加等现象，从而危及鱼类和水生生物的生长；③放射性污染物，主要来源于核工业及同位素研究应用领域，对人体健康有重要影响。

（3）生物性污染物

生物性污染物包括各类细菌、病毒类，主要来源于医院与某些工业废水。防止此类污染物排入水体，是保护环境、保障人类健康的一大课题。

2. 水体污染成因分类

按水体污染成因分为自然污染源、人为污染源。

（1）自然污染源

自然污染源是指天然存在的污染源，如火山喷发、水流冲蚀地面、矿石风化水解等。

（2）人为污染源

人为污染源是指由人类活动产生的污染源，如向水体排放未经妥善处理的城市污水和工业废水；使用的化肥、农药及城市地表污染物，被雨水冲刷，随地表径流进入水体；随大气扩散的污染物通过重力沉降进入水体等。人为污染源是环境保护的主要污染防治对象。

3. 按人类活动方式分类

按人类活动方式分为工业、农业、生活、交通污染源。

（1）工业污染源

工业废水是水体最重要的污染源。由于受产品、原料、药剂、设备、工艺流程和操作等因素的综合影响，工业废水具有悬浮物浓度波动大的特点。

（2）农业污染源

农业污染源是指农业生产造成的污染源，主要包括农业生产中的农药、肥料及不合理的污水灌溉。由于农田施用农药、化肥或污水灌溉，降水形成的径流和渗流把土壤中过剩的氮、磷和农药带入水体造成农药污染或富营养化。另外，牧场、养殖场、农副产品加工厂的有机废物排入水体，它们都可导致水质恶化，造成河流、水库、湖泊等水体污染甚至富营养化。农业污染源的特点是：面广、分散、难以治理。

（3）生活污染源

生活污染源是指由人类生活消费活动产生的污水，城市和人口密集的居住区是主要的生活污染源。生活污水包括由厨房、浴室、厕所等场所排出的污水和污物，一般家庭污水相当混浊，其中有机物约占60%，pH 值多大于7，生化需氧量为 200 ~ 600 mg/L。生活污水的特点主要是：悬浮固体、氮、磷、硫、纤维素、淀粉、糖类、脂肪和蛋白质等含量高，在缺氧环境中会因厌氧细菌的作用生成恶臭物质，如硫化氢、硫醇等。

（4）交通污染源

铁路、公路、航海等交通运输部门，除了直接排放各种作业废水（如货车、货船清洗废水，船舶在水域中航行排放的废水），还有船舶的石油泄漏、汽车尾气中的污染物通过大气降水而进入水环境等，都会造成水体污染。

（二）水体污染的主要危害

水体污染带来的危害是多种多样的，主要可以概括为以下几个方面：

1. 水体富营养化

水体富营养化，是指由于供藻类生长的无机营养物过剩导致藻类的大量繁殖，从而阻挡了光到达其他植物，降低了溶氧水平，并且对鱼类和其他脊椎动物产生毒害作用的过程。导致富营养化的主要营养物是磷酸盐和硝酸盐。水体出现富营养化现象时，浮游藻类大量繁殖，形成水华（淡水水体中藻类大量繁殖的一种自然生态现象）。因占优势的浮游藻类的颜色不同，水面往往呈现蓝色、红色、棕色、乳白色等，这种现象在海洋中则叫作赤潮或红潮。

2. 对水资源的危害

水体受到污染后，使水体质量下降，降低了水体的使用功能和利用价值，使本来就十分紧张的淡水资源变得更加短缺，出现"水质性"缺水。我国许多经济发达地区也出现了不同程度的"水质性"缺水，由此加剧了水资源短缺的矛盾和居民生活用水的不安全性。

3. 对水生生态系统的危害

污染物进入水体后，改变了原有的水生生态系统的结构与群落组成，使水生生态系统发生变化，令不适应新环境的水生生物大量死亡，并使水生生态系统的结构变得更加简单，生态系统的功能逐渐减弱。

4. 对人体健康的危害

被重金属、农药、氰化物等污染的水体通过饮用或食物链传递可造成人体急性和慢性中毒；具有致癌作用的化学物质如砷、铬、镍、苯胺、苯并［a］芘等污染物进入水体后，人类长期饮用或食用这类水生生物时可诱发癌症；含有以水为媒介的传染病病原体的污水污染水体后，经饮用进入人体，可引起传染性疾病，如伤寒、疟疾、霍乱、传染性肝炎和血吸虫病等。

5. 对工农业生产的危害

一些工厂因水质污染引起产品质量下降甚至停产，或者由于水污染治理需投入更多的运营成本，造成经济损失；水产品和农作物也会因水体污染而减产或无法食用，由此对渔业和农业生产带来很大损失。

（三）水污染的综合防治

1. 水污染防治措施

（1）提高水资源利用率

提高水资源利用率可以减少污水排放量、减轻水污染。一是提高农业灌溉用水利用率；二是提高工业用水利用率；三是提高城市生活用水利用率。

（2）系统提升城镇污水处理水平

①因地制宜推进雨污分流和现有合流管网系统改造，系统性地提高城镇污水收集能力和处理效率，促进城市水域环境质量的改善；②加快建立城镇污水处理系统效能评价指标体系，科学评估污水处理厂的运营状况；③提高污水处理设施的自动化控制水平，实现污

水处理厂的动态监督与管理；④污水处理设施建设要注重政府引导和市场运作相结合，推行特许经营，多方筹集资金，加快污水处理设施建设进度。

（3）控制面源污染

①农村面源污染控制，主要措施有合理利用农药、截流农业污水、加强畜禽粪便处理、提高乡镇企业废水及村镇生活污水处理水平；②城市径流控制，主要措施有充分收集利用雨水、增加城市绿化用地。

（4）工业废水污染防治

工业废水污染的预防是水污染源头控制的重要任务，其主要措施有：①优化产业结构、合理产业布局。加大落后产能淘汰力度，对于潜在环境危害风险大、升级改造困难的企业，也要逐步予以淘汰，鼓励有新技术、新产品的企业开展技术改造和产业结构调整升级。②大力推进清洁生产，避免或最大限度减少污染物的产生与排放。③加强对工业企业和污水处理厂监管力度，杜绝违法偷排现象。

（5）流域水污染防治

①分区控制，突出重点。根据各流域、控制区及控制单元经济社会发展水平和水环境问题，提出不同的防治要求；统筹规划，综合防治。②坚持点源与非点源统一控制，以水污染特征和水功能需求为依据，综合运用多种污染防治手段，统一部署污染防治工作，优先保障人民饮水安全，持续推进污染负荷削减，不断加强环境风险防范，逐步改善重点地区的水环境质量。③政府引导，明确责任。各级人民政府要加强组织协调，综合运用经济、法律和必要的行政手段，有效推进流域水污染防治工程建设。

（6）饮用水水源保护

①污染治理与经济发展协调，统筹规划、突出重点。②在全面普查饮用水水源地状况的基础上，制订水源地保护规划。③坚持节约、清洁、安全发展，在发展中落实保护，在保护中促进发展，实现可持续的科学发展。④水源地优先原则。优先治理地表水源保护区、城市水源地保护区、城市、规划新城及村镇地下饮用水水源保护区内的污染；防治并重，建管并举。⑤预防为主，综合治理，运用法律、行政、技术和宣传等手段，注重源头控制，强化管理，全过程防治污染，解决水源地保护问题。⑥充分发挥政府的引导、指导作用，强化水源地监管。⑦坚持政策创新、制度创新、科技创新，探索水源地监管新思路。⑧统筹污染源与水源地管理、地表水与地下水管理，统筹区域与流域管理，污水治理与再生水回用，统筹法律、制度与机制建设，因地制宜，分步分类实施。

（7）地下水污染防治

①加强地下水环境监测，建立地下水质量监测网；②建立重点地区地下水污染监测系统，实现对人口密集和重点工业园区、地下水重点污染源区、重要水源等地区的有效监测；③保障地下水饮用水源安全，严格地下水饮用水源环境执法，定期开展地下水资源保护执法检查、地下水饮用水水源环境执法检查和后督察，严格地下水饮用水水源保护区环境准入标准，分类防治超标地下水饮用水源；④强化重点污染源和重点区域污染防治，加强地表水污染防控，加大对重点污染源废水排放和堆放场地污染物渗漏等防治力度，积极推进重金属、有机物和氨氮、硝酸盐氮和亚硝酸盐氮等污染较严重区域的地下水污染综合防治。

2．水污染防治行动计划

（1）全面控制污染物排放

狠抓工业污染防治，取缔"十小"企业；强化城镇生活污染治理，加快城镇污水处理设施建设与改造；推进农业农村污染防治，防治畜禽养殖污染；加强船舶港口污染控制，积极治理船舶污染，增强港口码头污染防治能力。

（2）推动经济结构转型升级

调整产业结构，依法淘汰落后产能，严格环境准入；合理确定发展布局、结构和规模；充分考虑水资源、水环境承载能力，以水定城、以水定地、以水定人、以水定产；推进循环发展，加强工业水循环利用，促进再生水利用，推动海水利用。

（3）着力节约保护水资源

控制用水总量，实施最严格水资源管理，健全取用水总量控制指标体系；在地面沉降、地裂缝、岩溶塌陷等地质灾害易发区开发利用地下水，应进行地质灾害危险性评估；提高用水效率，抓好工业节水，加强城镇节水，发展农业节水；科学保护水资源，加强江河湖库水量调度管理，科学确定生态流量。

（4）强化科技支撑

加快技术成果推广应用，重点推广饮用水净化、节水、水污染治理及循环利用、城市雨水收集利用、再生水安全回用、水生态修复、畜禽养殖污染防治等适用技术；整合科技资源，通过相关国家科技计划（专项、基金）等，加快研发重点行业废水深度处理、生活污水低成本高标准处理、海水淡化和工业高盐废水脱盐、饮用水微量有毒污染物处理、地下水污染修复、危险化学品事故和水上溢油应急处置等技术；大力发展环保产业，规范环保产业市场，加快发展环保服务业。

（5）充分发挥市场机制作用

理顺价格税费，加快水价改革。修订城镇污水处理费、排污费、水资源费征收管理办法，合理提高征收标准，做到应收尽收。依法落实环境保护、节能节水、资源综合利用等方面税收优惠政策；积极推动设立融资担保基金，推进环保设备融资租赁业务发展，增加政府资金投入；建立激励机制，健全节水环保"领跑者"制度。推行绿色信贷，实施跨界水环境补偿。

（6）严格环境执法监管

完善法规标准，健全法律法规，完善标准体系；加大执法力度，所有排污单位必须依法实现全面达标排放。完善国家督查、省级巡查、地市检查的环境监督执法机制，严厉打击环境违法行为；提升监管水平，完善流域协作机制。

（7）切实加强水环境管理

强化环境质量目标管理，明确各类水体水质保护目标，逐一排查达标状况；完善污染物统计监测体系，将工业、城镇生活、农业、移动源等各类污染源纳入调查范围；严格环境风险控制，防范环境风险。定期评估沿江河湖库工业企业、工业集聚区环境和健康风险，落实防控措施；全面推行排污许可，依法核发排污许可证，加强许可证管理。

（8）全力保障水生态环境安全

强化饮用水水源环境保护，保障饮用水水源安全，防治地下水污染；深化重点流域污染防治，编制实施七大重点流域水污染防治规划，加强良好水体保护；加强近岸海域环境保护，实施近岸海域污染防治方案。推进生态健康养殖，严格控制环境激素类化学品污染；采取控源截污、垃圾清理、清淤疏浚、生态修复等措施，加大黑臭水体治理力度，每半年向社会公布治理情况；保护水和湿地生态系统。加强河湖水生态保护，科学划定生态保护红线。

（9）明确和落实各方责任

强化地方政府水环境保护责任，加强部门协调联动，建立全国水污染防治工作协作机制，定期研究解决重大问题；各类排污单位要严格执行环保法律法规和制度，加强污染治理设施建设和运行管理，开展自行监测，落实治污减排、环境风险防范等责任；严格目标任务考核，将考核结果作为水污染防治相关资金分配的参考依据。

（10）强化公众参与和社会监督

依法公开环境信息，综合考虑水环境质量及达标情况等因素，国家每年公布最差、最好的10个城市名单和各省（区、市）水环境状况；加强社会监督，为公众、社会组织提供水污染防治法规培训和咨询，邀请其全程参与重要环保执法行动和重大水污染事件调查；构建全民行动格局，树立"节水洁水，人人有责"的行为准则。

（四）水污染控制技术

1. 污水的处理方法分类

（1）按处理原理分类

现代污水处理技术，按原理可分为物理处理法、化学处理法、生物化学处理法和物理化学处理法四类。

物理处理法是指通过物理作用，将废水中的悬浮物、油类、可溶性盐类以及其他不溶于水的固体物质分离出来，在处理过程中不改变其化学性质。常采用的有重力分离法、截流法、离心分离法等。

化学处理法是指向污水中投加化学试剂，利用化学反应来分离、回收污水中的污染物质，或将污染物质转化为无害的物质。常用的化学方法有混凝沉淀法、化学沉淀法、中和法和氧化还原法等。

生物化学处理法是利用微生物的代谢作用，使污水中呈溶解状态和胶体状态的有机污染物转化为稳定的无害物质。生物处理的主要作用者是微生物，特别是其中的细菌。主要依赖好氧菌和兼性厌氧菌的生化作用来完成处理过程的工艺，称为好氧生物处理法；主要依赖厌氧菌和兼性厌氧菌的生化作用来完成处理过程的工艺，称为厌氧生物处理法。

物理化学处理法是利用物理化学作用去除污染物质的方法。常用的方法有吸附法、膜分离法、离子交换法、汽提法、萃取法等。

（2）按处理程度分类

现代污水处理技术，按处理程度划分，可分为一级、二级和三级处理。一级处理时去除污水中的漂浮物、悬浮物和其他固体物，调节废水的 pH 值，减轻废水的腐化和后续处理工艺的负荷；二级处理可以大幅度地去除废水中的悬浮物、有机污染物和部分金属污染物；三级处理又称深度处理，处理的主要对象是营养物质（氮、磷）及其他溶解性物质，以防止受纳水体发生富营养化和受到难降解有毒化合物的污染。

2. 常用的物理处理方法

（1）截流法

截流法就是利用过滤介质截流污水中的悬浮物。常用的过滤方法有格栅、栅网、真空过滤机、压滤机等。

（2）重力分离（即沉淀）法

重力分离法利用污水中呈悬浮状的污染物和水比重不同的原理，借重力沉降（或上浮）作用，使水中悬浮物分离出来。

3. 常用的化学处理方法

（1）混凝沉淀法

混凝沉淀工艺去除的对象是污水中呈胶体和微小悬浮状态的有机和无机污染物。从表观上看，就是去除污水的色度和浊度。混凝沉淀还可以去除污水中的某些溶解性物质，也能够有效地去除能够导致缓流水体富营养化的氮、磷等。与其他处理方法相比，混凝沉淀法设备简单，处理效果较好，但运行费用高，沉渣量大。

（2）化学沉淀法

向污水中投加某种化学物质，使它与污水中的溶解性物质发生互换反应，生成难溶于水的沉淀物，以降低污水中溶解物质的方法。这种处理方法常用于处理含重金属、氟化物等工业产生的污水的处理。按使用沉淀剂的不同，化学沉淀法可分为石灰法、碳化物法和钡盐法。

（3）中和法

中和法就是利用化学酸碱中和的原理消除污水中过量的酸或碱，使其 pH 值达到中性的过程。

（4）氧化还原法

利用氧化还原反应，将水中的污染物转变为无毒或微毒的物质，从而达到处理废水的目的。水处理中常用的氧化剂有氧气（O_2）、氯气（Cl_2）、臭氧（O_3）、高锰酸钾（$KMnO_4$）等，常用的还原剂有亚铁盐、铁粉铁屑（Fe）、锌（Zn）和亚硫酸盐等。

4. 常用的生物处理方法

（1）好氧生物处理

好氧生物处理中，污水中一部分有机物被微生物吸收，氧化分解成简单无机物，同时释放出能量，作为微生物自身生命活动的能源；另一部分有机物则作为微生物生长繁殖所需要的构造物质，合成新的细胞物质。

好氧生物处理法由于其处理效率高、效果好，广泛用于处理城市污水及有机性生产污水。根据好氧微生物在处理系统中所呈现的状态不同，好氧微生物处理又分为活性污泥法和生物膜法两大类。

活性污泥法是向有机污水注入空气进行曝气，持续一段时间后，污水中即生成一种絮凝体，这种絮凝体主要是由大量繁殖的微生物群体构成。活性污泥在反应器中呈悬浮状态，充分与污水接触，污水中的有机物为活性污泥上的微生物所摄取氧化分解，从而使污水得到净化的方法。活性污泥处理法的运行方式主要有：传统活性污泥法、阶段曝气活性污泥法、延时曝气活性污泥法、吸附—再生法等。

生物膜处理法是使细菌和菌类一类的微生物和原生动物、后生动物一类的微型动物附着在滤料或某些载体上生长繁育，并在其上形成膜状生物污泥——生物膜。污水与生物膜接触，污水中的有机污染物，作为营养物质，为生物膜上的微生物所摄取，污水得到净化，微生物自身也得到繁殖增殖。

（2）厌氧生物处理

在厌氧条件下，依赖兼性厌氧菌和专性厌氧菌等多种微生物共同作用，对有机物进行生化降解生成甲烷（CH_4）和二氧化碳（CO_2）的过程，称为厌氧生物处理法。

5. 常用的物理化学处理方法

（1）吸附法

吸附法是指利用多孔性固体吸附废水中的某种或几种污染物，从而使废水得到净化的方法。具有吸附能力的多孔性固体物质称为吸附剂。常用的吸附剂有活性炭、焦炭、高岭土、硅藻土、木屑以及其他合成吸附剂等。活性炭吸附法目前较多地应用于去除微量有害物质、色度及臭味。

（2）电渗析

电渗析是一种在电场作用下使溶液中离子通过膜进行传递的过程。根据所用膜的不同，电渗析可分为非选择性膜电渗析和选择性膜电渗析两类。电渗析只能将电解质从溶液中分离出去，不能去除有机物、胶体物质、微生物、细菌等。

6. 一般城镇污水处理厂污水处理工艺及相关要求

（1）城镇污水

城镇污水是指城镇居民生活污水，机关、学校、医院、商业服务机构及各种公共设施排水，以及允许排入城镇污水收集系统的工业废水和初期雨水等，它是一种混合污水。城镇污水必须经过处理达到相关排放标准才能排放水体，避免造成水体污染。污水回用是城镇污水最合理的出路，因此，城镇污水处理厂处理水再利用时，应按照使用目的执行相应的水质标准和确定相应的废水深度处理工艺。

（2）城镇污水处理厂污染物排放标准

根据城镇污水处理厂排入地表水域环境功能和保护目标，以及污水处理厂的处理工艺，将基本控制项目的常规污染物标准分为一级标准、二级标准、三级标准。一级标准分为 A 标准和 B 标准。一级标准的 A 标准是城镇污水处理厂出水作为回用水的基本要求。

（3）处理工艺

目前，处理城市污水技术分为三级：一级处理就是对污水进行的初级处理，主要是用物理处理方法，可以去除比重较大的无机颗粒；二级处理主要采用生物处理法，目的是去除污水中呈胶体的有机污染物质；三级处理一般采用砂滤法、活性炭吸附法和电渗析法等，用来进一步处理难以降解的有机物，国内多采用 A/O、A^2/O，活性污泥法和氧化沟技术。

①A/O 工艺

A/O 工艺法，也称厌氧好氧工艺法，主要用于水处理方面，A 是厌氧段，主要用于脱氮除磷；O 是好氧段，主要用于去除水中的有机物。它除了可去除废水中的有机污染物外，还可同时去除氮、磷。对于高浓度有机废水及难降解废水，在好氧段前设置水解酸化段，可显著提高废水可生化性。该流程简单，无须外加碳源与后曝气池，以原污水为碳源，建设和运行费用较低。

②A^2/O 工艺

A^2/O 法是厌氧—缺氧—好氧工艺的简称，本工艺不仅能去除有机物，还具有脱氮除磷的功能。A^2/O 工艺流程为：进水→厌氧池缺氧池→好氧池→沉淀池→出水，沉淀池剩余污泥排放，沉淀池混合液回流至缺氧池进水，沉淀池回流污泥至厌氧池进水。在厌氧—缺氧—好氧交替运行下，丝状菌不会大量繁殖，不会发生污泥膨胀。A^2/O 工艺是流程最简单、应用最广泛的脱氮除磷工艺。

三、土壤污染防治

（一）土壤的结构及其组成

1. 结构及组成

土壤是由大小不等的土壤颗粒组成的，这种不同颗粒按不同比例的组合称土壤质地。土壤又是由固相、液相和气相物质组成的一个复杂体系。土壤固相物质包括矿物质和有机物两大部分；土壤液相包括土壤溶液、水及其溶解物等；土壤气相包括氮气、氧气、二氧化碳、水汽等，与大气成分相同。

2. 土壤的自净作用

土壤的自净作用是土壤所具有的自身更新的能力。它是指土壤被污染后，由于土壤的物理、化学和生物化学等作用，在一定时间后各种有机物、病原微生物、寄生虫卵和有毒物质等逐渐分解、吸收、转化、沉积，最终达到无害化的能力。土壤的自净过程很复杂，主要包括物理作用、化学作用和生物化学作用。

（二）土壤污染的主要危害

土壤污染主要具有以下危害：①土壤污染会导致农作物的减产，从而造成严重的直接经济损失；②土壤污染导致生物品质不断下降；③土壤污染危害人体健康；④土壤污染导致大气污染、地表水污染、地下水污染和生态系统退化等其他次生生态环境问题；⑤土壤农药残留及污染危及动植物的生长和人类的健康，有些化学农药本身或与其他物质反应后的产物有致癌、致畸、致突变作用；⑥重金属元素在土壤中一般不易随水移动，不能被微生物分解而在土壤中累积，甚至有的可能转化成毒性更强的化合物（如甲基化合物），可以通过植物吸收在植物体内富集转化，给人类带来潜在危害。

（三）土壤污染控制措施

控制土壤污染源，即控制进入土壤中的污染物的数量和速度，通过其自然净化作用而不致引起土壤污染。

1. 土壤污染的控制措施

（1）控制和消除"三废"的排放

工业生产和生活产生的"三废"通过各种渠道进入土壤，是导致土壤造成污染的一个主要方式。从根源上控制和消除"三废"的排放，是减缓土壤污染的重要手段。

（2）控制化学农药的使用

化学农药对土壤、农作物、土壤微生物都有较大的毒害作用，且残留期长，通过挥发、淋溶能够进入大气和水环境，并且最终会危害人类的健康。因此，控制或取缔化学农药的使用是防止土壤污染的一种重要手段。

（3）合理施用化学肥料

在农业生产中，应根据气候、水利条件、土壤肥力状况、农作物营养状况等，合理施用化学肥料，选择最佳用量和方法，防止过量和不当方法施肥，导致化学肥料过剩造成的转化而成为污染物质，污染土壤环境。

（4）加强对污染区域的监测和管理

监测和管理是控制污染的基础和先决条件，由于土壤污染具有反应慢、隐蔽性强等特点，因此，对污染区域进行适时有针对性的监测对土壤污染的控制和管理具有十分重要的意义和作用。另外，只有加强对污染源的有效管理，才能从根本上控制土壤的污染。加强对土壤环境、农作物的监测分析，还能为控制化学农药的作用，合理施用化学肥料这一方面的管理提供科学的依据。

2. 土壤污染防治行动计划

土壤是经济社会可持续发展的物质基础，关系人民群众身体健康，关系美丽中国建设，保护好土壤环境是推进生态文明建设和维护国家生态安全的重要内容。

（1）开展土壤污染调查，掌握土壤环境质量状况

①深入开展土壤环境质量调查。在现有相关调查基础上，以农用地和重点行业企业用地为重点，开展土壤污染状况详查。②建设土壤环境质量监测网络。统一规划、整合优化土壤环境质量监测点。③提升土壤环境信息化管理水平。利用环境保护、国土资源、农业等部门相关数据，建立土壤环境基础数据库，构建全国土壤环境信息化管理平台。

（2）推进土壤污染防治立法，建立健全法规标准体系

①加快推进立法进程，配合完成土壤污染防治法起草工作，适时修订污染防治、城乡规划、土地管理、农产品质量安全相关法律法规，增加土壤污染防治有关内容。②系统构建标准体系，健全土壤污染防治相关标准和技术规范，完善土壤中污染物分析测试方法，研制土壤环境标准样品，各地可制定严于国家标准的地方土壤环境质量标准。③全面强化监管执法，明确监管重点，加大执法力度，将土壤污染防治作为环境执法的重要内容，充分利用环境监管网格，加强土壤环境日常监管执法。

（3）实施农用地分类管理，保障农业生产环境安全

①划定农用地土壤环境质量类别。按污染程度将农用地划为 3 个类别，未污染和轻微污染的划为优先保护类，轻度和中度污染的划为安全利用类，重度污染的划为严格管控类。②切实加大保护力度。各地要将符合条件的优先保护类耕地划为永久基本农田，实行严格保护，确保其面积不减少、土壤环境质量不下降，除法律规定的重点建设项目选址确实无法避让外，其他任何建设不得占用。③着力推进安全利用。根据土壤污染状况和农产品超标情况，安全利用类耕地集中的县（市、区）要结合当地主要作物品种和种植习惯，制定实施受污染耕地安全利用方案，采取农艺调控、替代种植等措施，降低农产品超标风险。④全面落实严格管控。加强对严格管控类耕地的用途管理，依法划定特定农产品禁止

生产区域，严禁种植食用农产品；对威胁地下水、饮用水水源安全的，有关县（市、区）要制订环境风险管控方案，并落实有关措施。⑤加强林地草地园地土壤环境管理。严格控制林地、草地、园地的农药使用量，禁止使用高毒、高残留农药。

（4）实施建设用地准入管理，防范人居环境风险

①明确管理要求。建立调查评估制度。②落实监管责任。地方各级城乡规划部门要结合土壤环境质量状况，加强城乡规划论证和审批管理。地方各级国土资源部门要依据土地利用总体规划、城乡规划和地块土壤环境质量状况，加强土地征收、收回、收购以及转让、改变用途等环节的监管。③严格用地准入。将建设用地土壤环境管理要求纳入城市规划和供地管理，土地开发利用必须符合土壤环境质量要求。

（5）强化未污染土壤保护，严控新增土壤污染

①加强未利用地环境管理。按照科学有序原则开发利用未利用地，防止造成土壤污染。拟开发为农用地的，有关县（市、区）人民政府要组织开展土壤环境质量状况评估；不符合相应标准的，不得种植食用农产品。②防范建设用地新增污染。排放重点污染物的建设项目，在开展环境影响评价时，要增加对土壤环境影响的评价内容，并提出防范土壤污染的具体措施；需要建设的土壤污染防治设施，要与主体工程同时设计、同时施工、同时投产使用；有关环境保护部门要做好有关措施落实情况的监督管理工作。③强化空间布局管控。加强规划区划和建设项目布局论证，根据土壤等环境承载能力，合理确定区域功能定位、空间布局。

（6）加强污染源监管，做好土壤污染预防工作

①严控工矿污染，加强日常环境监管，各地要根据工矿企业分布和污染排放情况，确定土壤环境重点监管企业名单，实行动态更新，并向社会公布。加强工业废物处理处置，全面整治尾矿、煤矸石、工业副产石膏、粉煤灰、赤泥、冶炼渣、电石渣、铬渣、砷渣以及脱硫、脱硝、除尘产生固体废物的堆存场所，完善防扬散、防流失、防渗漏等设施，制订整治方案并有序实施。②控制农业污染。合理使用化肥农药。鼓励农民增施有机肥，减少化肥使用量；科学施用农药，推行农作物病虫害专业化统防统治和绿色防控，推广高效低毒低残留农药和现代植保机械。加强废弃农膜回收利用，严厉打击违法生产和销售不合格农膜的行为。强化畜禽养殖污染防治，严格规范兽药、饲料添加剂的生产和使用，防止过量使用，促进源头减量。加强灌溉水水质管理，开展灌溉水水质监测，灌溉用水应符合农田灌溉水水质标准。③减少生活污染。建立政府、社区、企业和居民协调机制，通过分类投放收集、综合循环利用，促进垃圾减量化、资源化、无害化。建立村庄保洁制度，推

进农村生活垃圾治理，实施农村生活污水治理工程。整治非正规垃圾填埋场。

（四）土壤污染控制技术

对于已污染的土壤，可以采用以下措施来减轻土壤污染，逐步恢复土壤的原始功能。

1. 施加改良剂

施加改良剂的主要目的是加速有机物的分解和使重金属固定在土壤中，如添加有机质可加速土壤中农药的降解，减少农药的残留量。

施用重金属吸收抑制剂（改良剂），即向土壤施加改良抑制物（如石灰、磷酸盐、硅酸钙等），使它与重金属污染物作用生成难溶化合物，降低重金属在土壤及植物体内的迁移能力。这种方法起到临时性的抑制作用，时间过长会引起污染物的积累，并在条件变化时重金属又转成可溶性的，因而只在污染较轻地区尚能使用。

2. 控制土壤氧化—还原状况

控制土壤氧化—还原条件，也是减轻重金属污染危害的重要措施。据研究，在水稻抽穗到成熟期，无机成分大量向穗部转移，淹水可明显地抑制水稻对镉的吸收。

重金属元素均能与土壤中的硫化氢反应生成硫化物沉淀。因此，加强水浆管理，可有效地减少重金属的危害。但是相反，随着土壤氧化—还原电位的降低而毒性增加。

3. 改变耕作制度

通过土壤耕作改变土壤环境条件，可消除某些污染物的危害。旱田改水田，DDT 和六六六在旱田中的降解速度慢，积累明显；在水田中 DDT 的降解速度加快，利用这一性质实行水旱轮作，是减轻或消除农业污染的有效措施。

4. 客土深翻

污染土壤的排除，特别是重金属的土壤污染，在土壤中产生积累，阻碍作物的生长发育。防治的根本办法是彻底挖去污染土层，换上新土的排土和客土法，以根除污染物。但如果是地区性的污染，实际采用客土法是不现实的。

耕翻土层，即采用深耕，将上下土层翻动混合，使表层土壤污染物含量降低。这种方法动土量较少，但在严重污染的地区不宜采用。

5. 采用农业生态工程措施

在污染土壤上繁殖非食用的种子、种经济作物或种树，从而减少污染物进入食物链的途径，或利用某些特定的动植物和微生物较快地吸走或降解土壤中的污染物质，而达到净化土壤的目的。

6. 工程治理

利用物理（机械）、物理化学原理治理污染土壤，主要有隔离法、清洗法、热处理、电化法等，是最为彻底、稳定、治本的措施，但投资较大，适于小面积的重度污染区。

在防治土壤污染的措施上，必须考虑因地制宜，采取可行的办法，既消除土壤环境污染，也不致引起其他环境污染问题。

第二节　固体废物污染防治

一、固体废物的来源与分类

（一）固体废物的来源

固体废物的来源大体上可以分为两类，一类是生产过程中所产生的废物（不包括废气和废水），成为生产废物；另一类是在产品进入市场后在流动过程中或使用消费后产生的固体废物，成为生活废物。

（二）固体废物的分类

固体废物可以按不同的方式进行分类。按其组成可分为有机废物和无机废物，按其形态可分为固体（块状、粒状、粉状）和泥状废物，按其来源可分为工业废物、矿业废物、城市垃圾、农业废物和放射性废物等，按其危害特性可分为有害废物和无害废物。

为便于管理，我国对固体废物较多是按来源进行分类。

1. 工业固体废物

工业固体废物是指在工业生产活动中产生的固体废物。工业固体废物所包括的废物种类极其广泛，其中以化工业、有色与黑色冶金业、采矿业，以及粉煤灰等废物对于环境的影响最大。

2. 城市固体废物

城市固体废物又称城市垃圾，是指居民生活、商业活动、市政建设与维护、机关办公等日常活动中产生的生活废物。一般分为以下几类：生活垃圾、建筑垃圾、商业固体废物、粪便。

3. 农业固体废物

农业固体废物是指农、林、牧、渔各业生产、科研及农民日常生活过程中的植物秸秆、牲畜粪便、生活废物等。

4. 放射性固体废物

放射性固体废物是指燃料生产加工、同位素应用、核电站、科研单位、医疗单位以及放射性废物处理设施的放射性废物，如尾矿、被污染的废旧设备、仪器、防护用品、废树脂、水处理污泥及残液等。基于环境保护的需要，许多国家将这部分废物单独列出加以管理。

二、固体废物的主要危害

固体废物对人类环境的危害，表现在以下几个方面：

（一）侵占土地

固体废物不加利用就占地堆放，堆积量越大，占地越多。城市垃圾、矿业尾矿、工业废渣等侵占了越来越多的土地。

（二）污染土壤

固体废物中的有害组分容易污染土壤。工业固体废物，特别是有害固体废物，经过风化、雨淋，产生高温、有毒有害废水等，能杀伤土壤中的微生物和动物，降低土壤微生物的活性，并能改变土壤的成分和结构，使土壤被污染。

（三）污染水体

固体废物随天然降水径流进入河流、湖泊，或因较小颗粒随风飘迁，落入河流、湖泊，造成地面水污染；固体废物渗沥水渗到土壤中，进入地下水，使地下水受到污染。

（四）污染大气

固体废物一般通过下列途径使大气受到污染：在适宜的温度和湿度下，固体废物中某些有机物被微生物分解，释放出有害气体；细粒、粉末受到风吹日晒可以加重大气的粉尘污染，采用焚烧法处理固体废物也会使大气污染。

三、固体废物污染控制措施

（一）减量化

固体废物产生量及危害性的减少主要通过清洁生产实现，即通过改善生产工艺和设备设计及加强管理，降低原料、能源的消耗量；通过改变消费和生活方式，减少产品的过度包装和一次性制品的大量使用，最大限度地减少固体废物的产生量；通过工艺改变、原料改变，降低固体废物的危害性。

（二）资源化

固体废物"资源化"的基本任务是采取工艺措施从固体废物中回收有用的物质和能源，实现资源的再循环利用。相对于自然资源来说，固体废物属于"二次资源"或"再生资源"范畴，虽然它一般不具有原使用价值，但是通过回收、加工等途径，可以获得新的使用价值。

"资源化"应遵循的原则是：资源化技术是可行的；资源化的经济效益比较好，有较强的生命力；废物应尽可能在排放源就近利用，以节省废物在贮放、运输等过程的投资；资源化产品应当符合国家相应产品的质量标准，因而具有与之相竞争的能力。

（三）无害化

固体废物的"无害化"处理的基本任务是将固体废物通过工程处理，达到不损害人体健康，不污染周围的自然环境（包括原生环境和次生环境）。固体废物的无害化是固体废物的主要归宿。

四、固体废物污染控制技术

固体废物在最终处置以前，通常需要经过一定的处理，以保证废物在最终处置后，达到真正的无害化。

（一）废物的综合利用与资源化

固体废物中含有大量的可再生资源和能源，在进行无害化处理的同时，实现其资源的再生利用，已成为当今世界各国废物处理的新潮流。在建立固体废物处理处置技术体系过程中，应把综合利用技术放在重要位置。但是，我国目前的固体废物综合利用技术，大部分停留在筑路、回填、农用、生产建筑材料等较低层次上，缺少高附加值、深度加工的产品。而且对量大、面广的废物（如粉煤灰、煤矸石等）综合利用问题还没有得到根本解决。

综合上述观点，今后我国固体和危险废物综合利用技术的发展趋势可以概括为：开发大量消纳固体废物的实用技术；开发多品种、深加工产品的生产技术；建立区域性处理处置设施，分散回收、集中处理；制定鼓励综合利用产品进入市场的法规和经济政策；在全国范围内广泛建立区域性废物交换系统。

（二）生物处理技术

固体废物中，有机物是重要的污染物。生物处理就是以废物中可降解的有机物为处理对象，使之转化为稳定产物、能源和其他有用物质的一种处理技术。

生物处理方法有堆肥化、厌氧消化、纤维素水解、借助蚯蚓分解等。其中，堆肥化是已取得成熟经验的、在具备市场条件下可以用来大规模处理废物的常用方法，其他几种方法在我国则尚处于小规模应用或试用阶段。

生物处理的作用主要有以下 4 种：①稳定化和消毒作用；②减量化；③回收能源；④回收物质。

（三）热处理技术

热处理技术以焚烧处理为主，此外还有热解、热水解等技术。热处理是实现固体废物减量化、无害化和资源化的最有效方法之一，它适用于那些具有足够热值、不宜直接回用的废物。

焚烧处理有以下几个特点：①减量化效果优良。可以使废物达到最大限度的减量，通常在90%以上。②无害化效果好。可以完全杀灭病毒，并能使废物中的有毒、有害物质得到彻底破坏。③可以回收废物燃烧产生的热量，作为能源得到利用。④焚烧设施无须远离城区，有利于降低运输成本。

焚烧处理技术今后的发展趋势可以归纳为：①消化、吸收国外先进技术，开发国产大型垃圾焚烧设备。开发尤其是适合我国垃圾特性、经济实用的国产大型垃圾焚烧系统（单炉日处理量150t以上）具有重要意义。②开发、建立先进分析测试手段和风险评价制度。重点应解决有机废物焚烧过程中，二噁英等二次污染物的监测及控制等技术难题，使我国固体废物焚烧处理技术尽快向国际水平靠拢。

（四）稳定化/固化技术

稳定化过程是将某种添加剂与废物进行混合，将危险物质固定下来，以减少有害物质向外界扩散的过程，其目标是减小废物的毒性和可迁移性，同时改善废物的工程性质。

凡含有易于扩散和转化有害成分的废物，均需要经过稳定化/固化处理后，才能进行最终处置或加以利用。

由于我国对工业废物的预处理、处理与处置均尚未提出明确的国家标准，因而在这个领域中的发展比较缓慢，今后重点应放在开发新型高效、节能的稳定化技术、高附加值资源化技术上。

（五）废物最终处理技术

固体废物的处置方法可以根据废物的去向分为以下四类：①管理处置，对一时难以处置或尚需对处置方案进行判断的废物，可暂时做安全贮存。在特殊情况下，贮存的时间实际上是近乎无限期的。②回收处置，某一个行业的废物，可能通过交换或处理成为另一个行业的原料，从而得到处置。随着技术水平的提高，也可能对以往的废物再利用。③排放处置，对于无害的污染物，例如矿山开采出的某些脉石和废矿，以及部分建筑废物，当达到规定的标准以后直接释放到环境中。④永久隔离处置，采用各种天然屏障与人工屏障将有害物质与生物圈做最大限度的隔离，其中垃圾卫生填埋和危险废物的安全填埋是最终处置的最主要方式。

第三节　噪声、光、热污染防治

一、噪声污染防治

（一）噪声源及其分类

凡是干扰人们正常生活休息、学习和工作，对人类生活和生产有妨碍的声音统称为噪声。如机器的轰鸣声、各种交通工具的马达声、鸣笛声、人的嘈杂声及各种突发的响声等，均属于噪声。噪声不单独取决于声音的物理性质，而且和人类的生活状态、主观感受等有关。超过国家规定的环境噪声排放标准，并干扰他人正常生活、工作和学习的现象称为环境噪声污染。

产生噪声的震动体即为噪声源。空调系统中的压缩机、风机、电动机、风道面板、风道吊架、风口格栅等都是噪声源。

1. 根据噪声的来源分

（1）交通噪声

交通噪声，主要是指机动车辆在市内交通干线上运行时所产生的噪声、其他运输工具（如飞机、火车、轮船等）在飞行和行驶中所产生的噪声。常见的交通噪声问题有机场噪声、铁道交通噪声、船舶噪声。随着城市机动车辆数目增长，交通干线迅速发展，交通噪声日益成为城市的主要噪声。

（2）工业噪声

工业噪声是指工厂在生产过程中由于机械震动、摩擦撞击及气流扰动产生的噪声。例如，化工厂的空气压缩机、鼓风机和锅炉排气放空时产生的噪声，都是由于空气振动而产生的气流噪声。球磨机、粉碎机和织布机等产生的噪声，是由于固体零件机械振动或摩擦撞击产生的机械噪声。由于工业噪声声源多而分散，噪声类型比较复杂，因生产的连续性声源也较难识别，治理起来相当困难。

（3）建筑施工噪声

在城市中，建设公用设施如地下铁道、高速公路、桥梁，敷设地下管道和电缆等，以及从事工业与民用建筑的施工现场，都大量使用各种不同性能的动力机械，使原来比较安静的环境成为噪声污染严重的场所。某些施工现场紧邻居住建筑群，对居民的生活造成很大的干扰。

（4）社会生活噪声

社会生活噪声主要是指商业、娱乐、体育、游行、庆祝、宣传等活动产生的噪声，其他如打字机、家用电器等小型机械，以及住宅区内修理汽车、制作家具和燃放爆竹等所产生的噪声也包括在内。

2. 根据噪声的产生机理分

（1）空气动力性噪声

空气动力性噪声是指高速气流、不稳定气流中由涡流或压力的突变引起了气体的振动而产生的。例如，通风机、鼓风机、空压机、燃气轮机、锅炉排气放空等所产生的噪声都属于这一类。

（2）机械性噪声

机械性噪声是指在撞击、摩擦和交变的机械力作用下部件发生振动而产生的。例如，织布机、球磨机、破碎机、电锯、汽锤、打桩机等产生的噪声都属于这一类。

（3）电磁性噪声

电磁性噪声是由于磁场脉动、磁场伸缩引起电气部件振动而产生的。例如，电动机、变压器等产生的噪声都属于此类。

（4）电声性噪声

电声性噪声是由于电、声转换而产生的。例如，广播、电视、收录机、电话机、计算机等产生的噪声都属于此类。

（二）噪声污染的危害

1. 对人体健康的影响

（1）听力损失

根据噪声的强弱等级，造成人的听力损失可能是暂时性的，也可能是永久性的，暂时性听力损失包括暂时性阈值偏移（TTS），永久性听力损失包括听觉创伤和永久性听力阈值偏移（PTS）。

（2）语言交流干扰

噪声会干扰人们交流的能力，很多噪声即使没有达到引起听力损伤的程度，但仍会干扰语言交流，这种干扰或屏蔽效应跟讲话者与听者间距离及所讲单词频率等因素有较复杂的关系。

（3）引起人的烦恼

噪声引起的烦恼是一种对听觉经历做出的反应，在被噪声扰乱或打断的活动中，在对噪声的生理反应以及在对由噪声所带来信息含义上的反应方面，产生的烦恼均有一定规律。

（4）睡眠干扰

睡眠扰人问题十分复杂，在轻度睡眠时，当声音比人在清醒、警惕、专注时所能听到的声级高 30～40 dB 时，人会被唤醒。在深度睡眠时，则需要高出 50～80 dB，方可唤醒沉睡中的人。

（5）对工作效率的影响

当工作需要用到听觉信号、语言或非语言时，任何强度的噪声，当其足以妨碍或干扰人们对这些信号的认知时，该噪声将影响工作效率。

（6）对儿童和胎儿的影响

研究表明，噪声会使母亲产生紧张反应，引起子宫血管收缩，以致影响供给胎儿发育所必需的养料和氧气。因儿童发育尚未成熟，各组织器官十分娇嫩和脆弱，不论是体内的胎儿还是刚出世的孩子，噪声均可损伤听觉器官，使听力减退或丧失。

（7）对视力的影响

长时间处于噪声环境中的人很容易发生眼疲劳、眼痛、眼花和视物流泪等眼损伤现象。同时，噪声还会使色觉、视野发生异常。

2. 对动物的影响

噪声对自然界的动物也是有影响的，如强噪声会使鸟羽毛脱落，不产卵，甚至会使其内出血和死亡。

3. 对植物的影响

噪声能促进果蔬的衰老进程，使呼吸强度和内源乙烯释放量提高，并能激活各种氧化酶和水解酶的活性，使果胶水解，细胞破坏，导致细胞膜透性增加。研究表明，85～95 dB 的噪声剂量对果蔬的生理活动影响较为显著。

4. 对物质结构的影响

特强噪声会损伤仪器设备，甚至使仪器设备失效。当特强噪声作用于火箭、宇航器等机械结构时，由于受声频交变负载的反复作用，会使材料产生疲劳现象而断裂，这种现象叫作声疲劳。噪声对建筑物的影响，超过 140 dB 时，对轻型建筑开始有破坏作用，如出现门窗损伤、玻璃破碎、墙壁开裂、抹灰震落、烟囱倒塌等现象。此外，在建筑物附近使用空气锤、打桩或爆破，也会导致建筑物的损伤。

（三）噪声污染防治措施

噪声的污染问题，实际上是由声源、声的传播途径和接受者 3 个部分组成。为了有效地防治噪声的环境污染，应该根据具体条件，也就是要考虑社会效益、经济效益，对上述 3 个部分采取有效措施。

1. 控制声源

控制好噪声声源是解决噪声污染的根本途径。要从声源上根治噪声是比较困难的，而且受到各种条件和环境的限制，但是，对噪声源进行一些技术改造是切实可行的。例如，改造机械设备的结构，改进操作方法，提高零部件的加工精度、装配质量等。

2. 控制噪声的传播途径和技术措施

控制声源后，仍达不到环境要求造成噪声污染时，就要采取措施控制噪声的传播途径。①利用地形和声源的指向性降低噪声。②改变噪声的传播方向或途径。③如果上述措施仍达不到消除污染的目的，还可以在噪声传播途径中直接采取声学措施，包括吸声、消声、隔声、隔震、减震、阻尼等一些常用的噪声控制技术和植物防治措施。④利用绿化降低噪声。采用植树、绿化草坪等手段也可减少噪声的干扰程度。试验表明：绿色植物减弱噪声的效果与林带宽度、高度、位置、配置方式及树木种类有密切关系。

3. 个人防护

在某些情况下，噪声特别强烈，在采用上述措施后，噪声级仍不能降低到允许标准以下，或者在工作过程中，工作人员有需要进入强噪声的环境，这就需要采用个人防护的措施，以保证工作人员的健康。常用的防声用具有耳塞、防声棉、耳罩、头盔等，它们主要是利用隔声原理来阻挡噪声传入耳膜。

二、光污染防治

（一）光源的种类

光源是指自身正在发光，且能持续发光的物体。生活中的光源分为天然光源、人工光源。有些物体，比如月亮，本身并不发光，而是反射太阳光才被人看见的，所以月亮不是光源。

1. 天然光源

天然光源是指太阳光、闪电、萤火虫等。太阳光是天然光源的主要组成部分，其由两部分组成。一部分称为直射光，这部分光是一束平行光，光的方向随着季节及时间做规律的变化；另一部分是整个天空的扩散光。

2. 人工光源

在人们长期的生活中，天然光是人们习惯的光源，充分利用天然光可以节约能源，但是目前人们对天然光的利用还受到时间及空间的限制，天然光很难到达的地方，还需要人工光源来补充。人工光源按其发光原理来说主要包括热辐射光源和气体放电光源等。主要的人工光源有：白炽灯、弧灯、碳弧灯、钠弧灯、荧光灯。

（二）光污染的分类

光是不可缺少的，但是，过强、过滥、变化无常的光，也会对人体、对环境造成不良影响或引发其他恶性事故，由此就造成了光污染。光污染是属于物理性质能量流污染，一旦停止，污染就会消失。

一般将光污染分成三类，即白亮污染、人工白昼和彩光污染。

1. 白亮污染

阳光照射强烈时，城市里建筑物的玻璃幕墙、釉面砖墙、磨光大理石和各种涂料等装饰会反射强烈的光线。专家研究发现，长时间在白色光亮污染环境下工作和生活的人，视网膜和虹膜都会受到程度不同的损害，视力急剧下降，白内障的发病率高达45%，还使人头晕心烦，甚至发生失眠、食欲下降、情绪低落、身体乏力等类似神经衰弱的症状。

2. 人工白昼

夜幕降临后，商场、酒店上的广告灯、霓虹灯闪烁夺目，令人眼花缭乱。有些强光束甚至直冲云霄，使得夜晚如同白天一样，即所谓的人工白昼。

3. 彩光污染

舞厅、夜总会安装的黑光灯、旋转灯、荧光灯以及闪烁的彩色光源构成了彩光污染。彩色光源让人眼花缭乱，不仅对眼睛不利，而且干扰大脑中枢神经，使人感到头晕目眩，出现恶心呕吐、失眠等症状。最新研究表明，彩光污染不仅有损人的生理功能，还会影响心理健康。

视环境中的光污染大致可分为3种：①室外视环境污染，如建筑物外墙，典型的是玻璃幕墙；②室内视环境污染，如室内装修、室内不良的光色环境等，较典型的有歌舞厅等；③局部视环境污染，如书本纸张，以及电脑等工业产品。

（三）光污染的危害

医学研究发现，人们长期生活或工作在逾量或不协调的光辐射下，会出现头晕目眩、失眠、心悸和情绪低落等神经衰弱症状；瞬间的强光照射会使人们出现短暂的失明现象，普通的光污染也会造成人眼的角膜和虹膜的伤害，抑制视网膜感光细胞功能的发挥，从而引起视疲劳和视力下降；过度的城市夜景照明将危害正常的天文观测；近距离读写使用的书本纸张越来越白，越来越光滑，在这个"强光弱色"的局部视觉环境中，人眼受的光刺激很强，但是眼的视觉功能却受到很大的抑制，视觉功能不能充分发挥，眼睛特别容易疲劳，这是造成近视的主要原因。

（四）光污染防治措施

光污染防治措施主要有下列几个方面：①加强城市规划和管理，规范环境设计，合理布置光源（光源散射方向、光亮度），科学利用建筑材料等。②对有红外线和紫外线污染的场所采取必要的安全防护措施。③采用个人防护措施，主要是戴防护眼镜和防护面罩。光污染的防护镜有反射型、吸收型、反射—吸收型、爆炸型、光化学反应型、电型、变色微晶玻璃型等类型。④限定夜间照明，改造已有照明装置。采用新型照明技术，采用节能效果好的照明器材。

三、热污染防治

（一）概念

热污染，是指现代工业生产和生活中排放的废热所造成的环境污染。热污染可以污染大气和水体。

人类的电力等工业生产活动中产生的废热水会污染江、河、湖，造成水体局部水温升高。虽然水体热污染所波及的范围不一定很大，对气候几乎没什么影响，但可使水生生物的生长发育受到影响，也会使氰化物、重金属离子等毒性增强；城市热岛的存在，使城区冬季缩短，霜雪减少，有时甚至发生郊外降雪而城内降雨的情况。

（二）热污染的危害

由于水温升高使水中溶解氧减少，水体处于缺氧状态，同时又使水生生物代谢率增高而需要更多的氧，造成一些水生生物在热效力作用下发育受阻或死亡，从而影响环境和生态平衡，河水水温上升给一些致病微生物造成一个人工温床，使它们得以滋生、泛滥，引起疾病流行，危害人体健康。

大气中的含热量增加，还可影响地球气候变化。气候变化将引起海水热膨胀和极地冰川融化，海平面上升，加快生物物种灭绝；热污染可以降低人体机理的正常免疫功能，从而加剧了各种新、老传染病并发大流行；温度上升为蚊子、苍蝇、蟑螂、跳蚤和其他传病昆虫以及病原体微生物等提供了最佳的滋生繁衍条件和传播机制，从而导致病毒病原体疾病的扩大流行和反复流行。

（三）热污染防治措施

对于水体热污染的防治有转嫁和利用两条途径。转嫁是将温水中的热量转移至大气、水体或土壤等受纳区域，避免造成水体热污染，这是消极的办法。利用则是开发温排水中的能量，使其为人类做出贡献，这是积极的办法。将温排水热量向大气转嫁，一般采用冷却塔、喷水、冷却池和漂浮泵等方式。

将温排水热量向水体转嫁，必须要求水体具有足够的热能受纳容量和热容量自然动态平衡恢复能力。但是，现有形成热污染的电厂，一般都是由于排放的温排水热量远远超过了水体的热能受纳容量和水体热容量自然动态平衡恢复能力而造成的，因此，温排水一般要求有限制地向水体转嫁。

将温排水热量向土壤转嫁，可以作为一种蓄热手段，即将温排水热量暂时存储在土壤中，待气温下降时再散发入大气，或将热量取出利用。如水体已受严重污染，则温排水热量向土壤转嫁会造成地下水污染和土壤污染，因而必须在严格的控制条件下才能采用。

第四节　重金属污染综合防治

一、重金属及重金属污染

（一）重金属

化学上根据金属的密度把金属分成重金属和轻金属，常把密度大于 $4.5 g/cm^3$ 的金属称为重金属，如金、银、铜、铅、锌、镍、钴、铬、汞、镉等大约 45 种。

从环境污染方面所说的重金属是指：汞、镉、铅、铬、砷等生物毒性显著的重金属。砷是一种类金属，但由于其化学性质和环境行为与重金属多有相似之处，故在讨论重金属时往往包括砷，有的则直接将其包括在重金属范围内。

（二）重金属污染

重金属污染是指由重金属或其化合物造成的环境污染。重金属污染具有长期性、累积性、隐蔽性、潜伏性和不可逆性等特点，危害大、持续时间长、治理成本高等特性。近年来，我国长期的矿产开采、加工以及工业化进程中累积形成的重金属污染开始逐渐显露，重金属环境污染事故频繁发生。

二、重金属污染的主要危害

在人类生产和生活过程中，铅、汞、镉等重金属进入大气、水、土壤，经过富集和累积，就会引起严重的环境污染。重金属污染属于无机物污染，它与有机化合物的污染不同。不少有机化合物可以通过自然界本身的物理、化学和生物的净化，使有害性降低或解除。重金属不能被分解或消失，即使浓度很低，也极难降低或消除它的有害性。即使废水排出的重金属浓度小，也可在藻类和底泥中积累，被鱼和贝类体表吸附，产生食物链浓缩，从而造成公害。重金属在大气、水体、土壤、生物体中广泛分布，而底泥往往是重金属的储存库和最后的归宿。此外，重金属在人体内能和蛋白质及各种酶发生强烈的相互作用，使它们失去活性，也可能在人体的某些器官中富集，对人体造成很大的危害。

（一）汞（Hg）

常温下汞呈液态，金属汞及其许多化合物对人体都是剧毒的。各种污染源排放的汞污染物，主要存在于排污口附近的底泥和悬浮物中。重点管控行业为燃煤电厂、燃煤工业锅炉、水泥生产、有色金属冶炼和废物焚烧。另外，电石法生产聚氯乙烯行业中使用大量的氯化汞作为催化剂，该行业也是我国汞污染防治管理的重点行业之一。

金属汞中毒常以汞蒸气的形式引起。由于汞蒸气具有高度的扩散性和较大脂溶性，通过呼吸道进入肺泡，经血液循环运至全身。血液中的金属汞进入脑组织后，逐渐在脑组织中积累并造成损害。

甲基汞具有脂溶性，能通过食物链进行富集。甲基汞易蓄积在大脑和小脑中，中毒的人有向心性视野缩小、运动失调等临床表现。甲基汞造成的脑损伤不可逆，往往导致死亡，并能危及后代健康。日本水俣病事件就是由于甲基汞中毒导致。

（二）镉（Cd）

镉主要以硫化物形式存在于锌、铅、铜矿中。水体的镉污染主要由于铅锌选矿废水、电镀废水等工业废水排入环境引起。

当环境受到镉污染后，镉可在生物体内富集，通过食物链进入人体引起慢性中毒。镉进入人体后，会破坏骨骼和肝肾，并引起肾衰竭。日本富山骨痛病事件就是慢性镉中毒最典型的例子。

（三）铬（Cr）

铬污染主要来源于含铬矿石的加工、重金属表面处理、皮革鞣制、印刷、化工等行业。铬的化合物常见的有三价铬和六价铬，在水体中受 pH 值、温度等条件影响，三价铬和六价铬可以相互转化。

铬的毒性与其存在价态有关，通常认为六价铬的毒性比三价铬高 100 倍。铬在体内可以使蛋白质变性，干扰酶系统，有致癌作用。

（四）铅（Pb）

铅在自然界分布极广，是地壳中含量最高的重金属元素。铅污染主要来源于蓄电池、冶炼、涂料和电镀等行业。

急性铅中毒通常表现为肠胃效应，出现腹痛、消化不良、厌食等症状。慢性铅中毒可引起慢性脑综合征，出现呕吐、昏迷、运动失调等症状。另外，铅中毒直接伤害人的脑细胞，特别是胎儿的神经系统，可造成胎儿先天智力低下。

（五）砷（As）

砷是广泛分布于自然界的非金属元素，是砒霜的组分之一。有色金属采选、冶炼会产生大量含砷废水、固体废物。在部分地区的自然水体中也含有一定量的砷。

砷很容易被细胞吸收导致中毒，会致人迅速死亡。长期的接触，即使是少量，也会导致慢性中毒。砷中毒会对人体的消化系统、神经系统、皮肤等造成危害，另外还有致癌性。

三、土壤重金属污染防治途径

重金属污染防治必须对污染源严格控制，加强和提高工程技术治理，防止或减轻重金属进入环境，这是防治重金属污染的关键和核心。对已排入环境的重金属，要做到尽可能地回收再利用，实在不能再利用的，要设法固定或收藏于安全场所。

目前，治理土壤重金属污染的途径主要有两种：一种途径是改变重金属在土壤中的存在形态，使其固定下来，以此来降低它在环境中的迁移性和生物可利用性；另一种途径是将土壤中重金属通过各种方式去除掉。从技术措施上有物理修复、化学修复和生物修复。

（一）物理修复方法

在污染土壤上覆盖未污染土壤或直接除去污染土壤的改土法，利用外加直流电场使重金属迁移而去除的电化法，加热使汞从土壤中解吸、回收的热解吸法，利用电极加热将污染土壤熔化形成较稳定的玻璃态物质的玻璃化法等。

（二）化学修复方法

投加改良剂使重金属活性降低从而减少生物吸收的化学稳定与惰性化修复方法；用含有某种配位体或用带有阴离子的溶液对土壤进行冲洗，使重金属移出土壤耕作层的方法；将处理剂注入土壤，使污染物脱附进入溶液再通过抽水井泵出的方法等。

生物修复

包括微生物治理技术、植物修复技术、动物治理技术和菌根技术等。

第五节　其他重要污染防治

一、危险化学品污染防治

（一）概念

危险化学品，是指具有毒害、腐蚀、爆炸、燃烧、助燃等性质，对人体、设施、环境具有危害的剧毒化学品和其他化学品。

我国有《危险化学品目录》，由国务院安全生产监督管理部门会同国务院工业和信息化、公安、环境保护、卫生、质量监督检验检疫、交通运输、铁路、民用航空、农业主管部门，根据化学品危险特性的鉴别和分类标准确定、公布，并适时调整。

（二）危险化学品的分类

①爆炸品；②压缩气体和液化气体；③易燃液体；④易燃固体、自燃物品和遇湿易燃物品；⑤氧化剂和有机过氧化物；⑥有害物质和感染性物质；⑦放射性物质；⑧腐蚀品；⑨杂类、海洋污染物。

（三）危险化学品的危害

危险化学品主要具有以下几种危害：①爆炸品的危险性；②易燃危险性；③毒害危险性；④放射性危险；⑤腐蚀性危险。

（四）危险化学品污染的综合防治

目前采取的主要措施是替代、隔离、通风、个体防护、保持卫生、应急预案演练和定期职业病体检。

1. 替代

预防、控制化学品危害最理想的方法是不使用有毒有害和易燃易爆的化学品，但这一点有时做不到，通常的做法是选用无毒或低毒的化学品替代有毒有害的化学品，选用可燃化学品替代易燃化学品。

2. 隔离

隔离就是通过封闭、设置屏障等措施，避免作业人员直接暴露于有害环境中。

3. 通风

借助于有效的通风，使作业场所空气中有害气体、蒸气或粉尘的浓度低于安全浓度，以确保工人的身体健康，防止火灾、爆炸事故的发生。

4. 个体防护

当作业场所中有害化学品的浓度超标时，工人就必须使用合适的个体防护用品。个体防护用品既不能降低作业场所中有害化学品的浓度，也不能消除作业场所的有害化学品，而只是一道阻止有害物进入人体的屏障，只能作为一种辅助性措施。

5. 保持卫生

卫生包括保持作业场所清洁和作业人员的个人卫生两个方面。

6. 建立相应的应急预案演练

对于一些能够评估到的意外事件，且常常危及职工生命健康，为了保护职工的生命安全和国家财产不受损失或少受损失，应该本着有备无患的原则，根据各单位实际情况制订相应的预案，并定期开展预案演练，以便能在事故发生后做好抢救工作。

7. 建立定期职业病体检的工作机制

定期进行职业病体检，可以及早发现和及早采取控制措施，有效地控制职业病。

二、持久性有机污染物防治

（一）概念

持久性有机污染物（简称POPs）是指通过各种环境介质（大气、水、生物体等）能够长距离迁移并长期存在于环境，对人类健康和环境具有严重危害的天然或人工合成的有机污染物质，具有长期残留性、生物蓄积性、半挥发性和高毒性的特点。

（二）分类

根据持久性有机污染物的来源，将其分为三大类：有机氯杀虫剂（艾氏剂、氯丹、滴滴涕、狄氏剂、异狄氏剂、七氯、六氯代苯、灭蚁灵）、工业化品（多氯联苯和六氯苯）和生产中的副产物（二噁英和呋喃）。后一些机构和非政府组织又根据持久性有机污染物的定义在上述 12 种持久性有机污染物的基础上增加了六氯联苯、林丹等物质。

（三）持久性有机污染物的性质

1. 高毒性

POPs 在低浓度时也会对生物体造成伤害，例如，二噁英类物质中最毒者的毒性相当于氰化钾的 1 000 倍以上，号称是世界上最毒的化合物之一，每人每日能容忍的二噁英摄入量为每公斤体重 1pg，二噁英中的 2，3，7，8-TCDD 只需几十皮克就足以使豚鼠毙命，连续数天施以每公斤体重若干皮克的喂量能使孕猴流产。POPs 还具有生物放大效应，POPs 也可以通过生物链逐渐积聚成高浓度，从而造成更大的危害。

2. 积聚性

POPs 具有高亲油性和高憎水性，其能在活的生物体的脂肪组织中进行生物积累，可通过食物链危害人类健康。

3. 流动性大

POPs 可以通过风和水流传播到很远的距离。POPs 一般是半挥发性物质，在室温下就能挥发进入大气层。因此，它们能从水体或土壤中以蒸气形式进入大气环境或者附在大气中的颗粒物上，由于其具持久性，所以能在大气环境中远距离迁移而不会全部被降解，但半挥发性又使得它们不会永久停留在大气层中，它们会在一定条件下沉降下来，然后又在某些条件下挥发，这样的挥发和沉降重复多次就可以导致 POPs 分散到地球上各个地方。因此，这种性质使 POPs 容易从比较暖和的地方迁移到比较冷的地方，像北极圈这种远离污染源的地方都发现了 POPs 污染。

（四）持久性有机污染物的危害

1. 对免疫系统的危害

POPs会抑制免疫系统的正常反应，影响巨噬细胞的活性，降低生物体的病毒抵抗能力。

2. 对内分泌系统的危害

多种POPs被证实为潜在的内分泌干扰物质，它们与雌激素受体有较强的结合能力，会影响受体的活动进而改变基因组成。

3. 对生殖和发育的危害

生物体暴露于POPs会出现生殖障碍、先天畸形、机体死亡等现象。

POPs还会引起一些其他器官组织的病变，导致皮肤表现出表皮角化、色素沉着、多汗症和弹性组织病变等症状，还可能会致癌。

（五）污染防治措施

1. 对现存持久性有机污染物的控制

主要体现在识别和降低人类和生态环境对现存持久性有机污染物的暴露风险。完善持久性有机污染物鉴别方法并列出控制清单，设定各类定量控制限值以控制生产、使用、排放持久性有机污染物浓度，并逐步淘汰持久性有机污染物商业化学品；由专业机构对废弃农药及化学品进行收集处理，防止库存事故排放；对环境中持久性有机污染物进行物理、化学、生物净化与修复。

2. 对潜在持久性有机污染物的控制

评估筛选现有潜在持久性污染物，尽量减少和消除新增污染物，并对新增污染物进行跟踪监测。对准POPs化学品实施生命周期式严格管理，运用公众教育、专家咨询等宣传手段，提高公众对持久性有机污染物的认知水平，严格控制持久性有机污染物的环境风险。

三、机动车污染防治技术性措施

（一）发动机内治理措施

治理发动机的目的在于调整和改造发动机的燃烧系统，以改善发动机的燃烧过程，提高燃烧效率，防治或减少有害物在发动机内的生成。目前发动机内的治理措施较多，简单而有效的方法是加装电子控制的点火系统，以延迟点火时间，降低燃气的最高温度，延长燃气的燃烧时间，来降低氮氧化物和碳氢化合物的生成量。并加装电子控制的汽油喷射系统，以精确调节空燃比，这样不但降低了污染物的生成，而且能达到理论空燃，实现了三效催化净化器的理想工况要求。

（二）发动机外治理措施

在排气系统加装三效催化净化器，这种三效催化净化器把铂（Pt）、钯（Pd）、铑（Rh）等贵金属组成的催化剂作为主要活性物质担载在氧化铝载体上，能同时净化尾气中的一氧化碳、碳氢化合物和氮氧化合物。把一氧化碳全氧化成二氧化碳和水，把氮氧化物还原成氮气，它只有在理论空燃比附近才能有较高的转化效率，加装电子控制的汽油喷射系统就能满足它的理想工况要求。

在排气系统加装废气循环装置，将部分废气从排气管引入进气管，以降低火焰温度和传播速度，减少氮氧化物的生成量。

四、农村牧区污染防治

（一）概念

农牧区是指以农业和畜牧业为主要经济来源和生活方式的地区，具体划分为以农业为主的农区和以畜牧业为主的牧区。

其中广义上的农区由农业环境和农村环境两部分组成。其中：农业环境指与农业生物的生长、发育和繁殖密切相关的水、空气、阳光、土壤、森林、草原等要素组成的综合体，强调在农业生产过程中的自然因素；农村环境是指以农村居民为中心的农村区域范围内各种天然的和经过人工改造的自然因素的整体，包括该区域范围内的土地、大气、水、动植物等，强调在农村行政区域范围内的社会因素。

牧区是利用广大天然草原并主要采取放牧方式经营畜牧业的地区，是以广大天然草原为基地，主要采取放牧方式经营饲养草食性家畜为主的地区。以饲养草食性牲畜为主，是商品牲畜、役畜和种畜的生产基地。中国牧区主要分布在内蒙古、青海、新疆、西藏、宁夏，以及甘肃和四川西部地区。

（二）污染的主要类型

农牧区环境污染分为农牧业生产环境污染和生活环境污染两大类，其中，生产环境污染主要是指在农牧业生产活动过程中对农村、牧区的水、土壤、大气、草场植被等环境造成的污染与破坏，包括农药化肥污染、农用薄膜污染、秸秆焚烧污染、畜禽养殖污染等；生活环境污染主要指生活在农村的居民在从事农牧业生产活动以外的其他活动中对农牧区的生活环境造成的污染，主要包括农牧区生活污染和乡镇企业污染。

第五章　循环社会及可持续发展

第一节　可持续发展基础

一、环境与经济的关系

在经济发展中，环境常被看作是一种可以提供多种服务的综合资产。它是一种非常特殊的资产，它提供了包括人类在内的一切生命系统维持生存所需要的东西。因此，在环境和经济系统中，环境和经济之间存在着辩证协调的关系。

（一）环境的功能

环境是指人类赖以生存的地球环境，主要是指地球表面上与人类息息相关的自然要素及其总体。具体包括两个部分：一是未经人类改造过的各种自然因素，如阳光、空气、陆地、水体、土壤、森林、草原、野生生物等，即自然环境。自然环境是人类出现之前就存在的，包括大气环境、水环境、生物环境、土壤环境和地质环境等；二是经过人类加工改造过的自然界，如城市、乡村、公路、铁路、机场、水库、港口、园林等，即社会环境。社会环境是人类物质文明和精神文明发展的标志，包括聚落环境、劳动环境、交通环境和旅游环境等，它随着经济和社会的发展而不断地变化着。所以，环境既是人类生存和发展的基础，也是人类开发利用的对象。

从上述环境的概念和经济学的角度考虑，环境具有以下四个功能：

1. 环境为生产活动和生活活动提供资源（原材料和能源）

例如：水、空气、阳光、各种金属和非金属矿（如煤、石油、天然气、金、银、铜、铁）、燃烧过程中的氧气、土壤生长出来的粮食和蔬菜等，由资源产生商品被供给消费。

经济系统是由生产、消费和污染物质排放来表示的。经济系统的一个最大特点是它的协调功能和组织功能，环境系统则是由原材料、土地、公共环境物品以及环境中的污染物质环流来表示的。

2. 环境为消费提供舒适性精神享受的公共物品

例如，清新的空气和水是工农业生产必需的要素，也是人们健康愉快生活的基本需求。经济越增长，对于环境舒适性的要求越高。因此，环境既然是公共物品，就需要有稳定的收入和有力的管理，使得这种公共物品的质和量均能不断地满足人的生产和生活活动的需要。从客观上说，现存的 GDP 核算方式在一定程度上助长了对环境资源的破坏性使用，造成了环境的污染与生态的破坏。而作为消费品的环境质量就是这样的公共物品。

3. 环境为生产活动和生活活动中排出的各种废弃物提供容纳场所

生产活动和生活活动中排放的废气、废水和固体废物进入环境系统中的空气环境、水环境和土壤环境中（大气、水、土壤等具有的自净能力是有限的）。

在任何一段时间，环境中的污染物质环流都会影响环境服务，即公共消费品和原材料的质量，这是由于污染物能影响环境系统的特点引起的。例如，发电厂排放的烟气，能降低空气的能见度，光化学烟雾产生的 O_3 能使轮胎老化等。

4. 环境为经济系统提供区位空间

主要是指生产和生活空间，如工厂、住房。这个功能类似于原材料供应。

由于环境具有上述四大功能，因此，人们常说环境是人类赖以生存、繁衍和发展的空间依托和基本条件，是社会经济发展的资源基础，也是各种生物生存的基本条件。环境整体及其各组成要素都是人类生存与发展的基础。保护环境就是保护人类家园，就是保障经济的发展和社会的进步。保护环境是实现经济可持续发展的关键。

（二）环境与经济之间的关系

从环境的定义可知，环境是一系列资源的组合。随着经济的发展，一些原本十分充裕、可自由取用的环境资源变得与其他经济资源一样，具有了稀缺性。因此，经济系统不能再独立于环境之外。于是，环境经济学在传统经济系统的基础上，把环境作为在经济大系统中的一个组成部分。也就是说，环境和经济之间存在着辩证协调的关系。

一方面，环境和经济是互相联系和依存的。因为人类经济活动所需要的各种原材料来源于环境，即环境系统的物流、能流是经济系统的物流和能流的来源。只有环境系统源源不断地为经济系统提供物质和能量，经济增长才具有现实的和持续的可能性。人类可以从环境中获取各种必需的资源进行生产，经过一系列的程序后生产出各种产品，供人们消费。可以说，地球上各种经济活动都是以这些初级产品为原料或动力而开始的。环境资源的多寡也决定着经济活动的规模。20 世纪 50 年代以后，世界经济快速增长，各种资源的消耗量几乎也同步增长。

反过来，经济对环境也有影响，经济的增长和人民生活水平的提高，促使人们的环境意识和对环境的要求不断提高，使环境保护具有越来越深厚的经济和民众基础，可以建更多的基础设施处理污染物，从而提高某一区域的环境容量，而环境容量的提高，又是为在不损害环境的条件下，扩大再生产。

另一方面，环境与经济也是相互矛盾和制约的。因为在生产过程和消费中，会产生很多废弃物，这些废弃物被排放到环境中，被消纳或同化，或影响公共环境物品和原材料的质量。虽然回收废弃物和削减污染可以在一定程度上减轻经济过程对环境的影响，但完全消除影响是不可能的。环境与经济的这种矛盾和制约，使经济增长处于一种进退两难的境地：如果进行环境保护，必然发生相应的费用，企业的成本会因此增加，经济效益下降，并且一部分经济资源用于环境保护，会影响经济增长的速度；如果不进行环境保护，则现有技术条件下的生产和消费必然会因资源掠夺式的使用，导致环境资源的短缺和环境质量的下降。

从微观上看，企业生产所造成的环境问题，通常不直接影响企业自身的利益。因此，企业也很少主动地注重环境保护；从宏观上看，环境问题的产生和发展有一个较长的过程，用于环境的投资产生的效益也往往需要一个较长的过程，因此，即使将环境保护作为一项宏观政策目标，也经常被置于经济目标，如经济增长、就业、物价稳定和国际收支等之后。研究环境与经济之间的关系，就是要充分认识环境保护在经济发展中所处的重要地位，慎重和科学地对待经济活动中所必然伴随的环境问题，处理好环境和经济增长之间的关系，使经济和环境协调发展。

因此，在处理环境与发展之间的关系时，一定要防止两种认识误区。一是不计自然成本的经济增长决定论的发展观念（经济增长决定论把环境与发展对立起来，主张人类社会的发展可以把环境质量放在经济增长之后，认为只能在国家富裕之后才有可能考虑环境问题。在这一理论的影响下，20 世纪 60 年代世界经济进入前所未有的高峰期，但引发了一系列影响人类生活质量的公害问题以及全球环境问题）。二是消极保护自然环境的零增长观念。这种观念出现于 60 年代后期，同样把环境与发展对立起来，走到另一极端，认为现代社会最大的祸害是追求增长，为了摆脱人与自然之间日益扩大的鸿沟，应该在世界范围内或在一些国家范围内有目的地停止物质资料和人口的增长，回到"零增长"的道路上去。

在处理环境与发展之间的关系时，要从可持续发展的角度上考虑，主张经济与环境的协调发展。从世界经济的发展历史来看，世界各国的经济发展不可能再走西方发达国家在工业化过程中只顾经济发展、不顾环境保护的"先污染，后治理"的老路。因为这种发展模式所付出的环境代价是巨大而又沉重的。这一点在世界各国似乎已达到了共识。目前，正在进行从末端治理→综合治理→过程治理的转变。

二、可持续发展概念

（一）可持续发展的内涵

可持续发展从字面上理解是指促进发展并保证其具有可持续性，包括了两个概念：发展和可持续性。

1. 发展

发展一词首先或至少都应含有人类社会物质财富的增长和人群生活条件的提高这些方面的含义，由此，问题可归结为：人类社会物质财富的生产究竟应该增长到什么程度和如何增长才能使人类社会的发展具有可持续性的？

传统的狭义的发展，指的只是经济领域的活动，其目标是产值和利润的增长、物质财富的增加。当然，为了实现经济增长，还必须进行一定的社会经济改革，然而，这种改革也只是实现经济增长的手段。但是，经济增长只是发展的一部分。它是发展的必要的条件，但并不是充分的条件。发展只有在使人们生活的所有方面都得到改善才能算是真正的发展。

通常认为，发展受到3个方面因素的制约：一是经济因素，即要求效益超过成本，或至少与成本平衡；二是社会因素，要求不违反基于传统、伦理、宗教、习惯等所形成的一个民族和一个国家的社会准则，即必须保持在社会反对改变的忍耐力之内；三是生态因素，要求保持好各种陆地的和水体的生态系统、农业生态系统等生命支持系统以及有关过程的动态平衡。其中生态因素的限制是最基本的。发展必须以保护自然为基础，它必须保护世界自然系统的结构、功能和多样性。

发展，这种人为改变环境的行动，既必须使环境能够更有效地满足人类的需求，又必须立足于使自然界的可再生资源能够无限期满足我们当代人和后代人的需求以及对于不可再生资源的谨慎节约的使用上。

2. 可持续性

"持续"一词来源于拉丁语 sustenere，意思是"维持下去"或者"保持继续提高"。

针对资源与环境，则意味着保持或延长资源的生产使用性和资源基础的完整性，使自然资源能够永远为人类所利用，不至于因其耗竭而影响后代人的生产与生活。

可持续性的定义普遍意义上说，任何一种行为方式，都不可能永远持续不断地进行下去。在一个有限的世界里，它总会受到这样或那样的限制。每当人类面临这一时刻，总会意识到该有新的行为方式诞生了，并通过替代物的出现、技术的进步和制度的创新来完成。人类的历史进程已经证明了这一点，迄今为止人类发展本身在某种意义上就是一个"可持续发展"的过程。但这并不意味着，人们可以永远无视或重复以往的教训，盲目地认为"车到山前必有路"。事实上，自然界已经发出了警告，而可持续性正是一种新的行为方式。此外，通常所讲的持续，只是在人类现有的认识水平上的可预见的"持续"，现实世界还有许多不确定和尚未为人所知的东西。因此，对可持续性的定义不应拘泥于当前的状态，而应定义出一个范围，在此范围内可以有较大的灵活性。

只有当全部资本的存量随着时间能够保持一定增长时，这种发展途径才是可持续的。如果获得收益的过程是通过使环境付出高额代价才得以实现，那它就不是可持续的。如果一种经济增长只是数量上的增长，那么从逻辑上讲，一个星球上的有限的资源使其不可能实现无限的可持续发展，而如果经济增长是生活质量的进步，并不一定要求对所消费的资源在数量上的增加，这种对质量进步超过对数量增加的追求则是可持续的，从而可以成为人类长期追求的目标。

自然资源的有限性实际上只能说明人类对其利用的一种历史性。在人类社会的一定历史时期，由于技术的、经济的、社会的、自然的因素的限制，可供人类利用的资源确实有限，但随着科学技术的进步，对自然资源的利用范围也将扩大。薪柴—煤炭—石油—核能的燃料发展谱系和木材、石块—青铜—钢铁—合成材料的材料发展谱系，都证明自然资源的利用范围是随着科学技术的发展而不断扩大的。

可持续性需要维持基本的生态过程和生命支持系统（保护基因多样性）可持续地利用物种和资源。总之，保护基因多样性和可持续地利用是维持基本的生命过程和生命支持系统的基础。和谐的生态就是良好的经济。尽管可持续性在很大程度上是一种自然的状态或过程，但是不可持续性却往往是社会行为的结果。人的一切需求，归根结底也都是社会的需求。

综上所述，可持续发展是一种特别从环境和自然资源角度提出的关于人类长期发展的战略和模式，它不是在一般意义上所指的一个发展进程要在时间上连续运行、不被中断，而是特别指出环境和自然资源的长期承载能力对发展进程的重要性以及发展对改善生活质量的重要性。可持续发展的概念从理论上结束了长期以来把发展经济同保护环境与资源相互对立起来的错误观点，并明确指出了它们应当是相互联系和互为因果的。

（二）可持续发展理论

1. 可持续发展的深层内涵

可持续发展既不单纯指经济和社会的持续发展，也不单纯是指自然生态的持续发展。而是人与自然的共生与共进，是人类社会和经济发展与自然生态的动态平衡和稳定。因此，可持续发展，是对人与自然的协调与和谐的内在本质的反映，是系统的，又是有机统一的，也是辩证发展的反映。它不仅揭示了自然生态的内在规律，也揭示了人类社会的内在规律。可持续发展没有绝对的标准，因为人类社会的发展是没有止境的。因此，它的总体要求是：第一，调控的机制能促进经济发展；第二，发展不能超越资源与环境的承载力；第三，发展的目的是提高人的生活质量，创造一个多样化的、稳定的、充满生机的、可持续发展的自然生态环境。

2. 可持续发展的理论框架

目前对可持续发展的理解不尽相同，各国专家从不同的角度构建了适用于一定区域的可持续发展理论框架，其中与生态城市规划结合比较紧密、具有一定代表性的理论框架主要有费利（Walter Firey）的资源利用理论、萨德勒（Saddler）的系统透视理论和杜思（Dorcey）的系统关系理论。此外，在一些国家的实践中，建立了关于可持续发展的模型，其中比较突出的有美国大草原农场重建的可持续社会发展模型、加拿大国际发展机构（CIDA）的可持续发展框架、汉可克的健康社区模型等。

萨德勒将可持续发展描述为环境、经济和社会的整合。他认为可持续发展的主要目标是环境、经济和社会目标交叉点总和价值的体现，即生态保护与平衡、环境和经济的整合、公共经济的发展。

萨德勒所发展的可持续发展宏观政策决策系统和微观项目评估系统概念框架中，宏观决策系统包括环境（自然保护、资源可持续利用）、经济（生产、服务和国民生产总值）和社会（利益分配、生活质量）等内容，微观项目评估系统主要包括环境容量、经济效益、社会公平等内容。

杜思提出的系统关系理论概念模型认为在可持续发展中应该考虑两种三元素系统，即直接相关的系统和间接相关的系统。并且讨论了两种类型的系统包含关系，一种是社会系统和经济系统是环境系统中两个并列的子系统；另一种是社会子系统是环境系统的亚系统，而经济系统是社会系统的亚系统。杜思的可持续发展框架中，建立了一个复杂的、综合的系统，该系统的最高层是由自然和环境构成的自然生态系统，其亚系统的内容主要包括人类、文化和社会等。在亚系统内设计了两级子系统：一级子系统是体制和制度，二级子系统是经济。

3. 实现可持续发展的策略

可持续发展的思想正在改变人们的价值观和分析方法，其思想是建立人类与自然的命运共同体，实现人与自然的共同协调发展。这要求把长远问题和近期问题结合起来考虑。资源是持续发展的一个中心问题，可持续发展思想正在影响着资源类型选择、利用方式选择、利用时间安排和利用分析方法等方面。

为此，以自然资源的可持续利用为前提的可持续发展模式已经提出：对于可再生资源，要求人类在进行资源开发时，必须在后续时段中，使得资源的数量和质量至少达到目前的水平；对不可再生资源，要求人类在逐渐耗竭现有资源之前，必须找到替代新资源。这样就要求软资源、自然资源结合起来。即根据可持续发展原则，制定出相应的资源利用技术、方法及管理原则。

（1）生态技术

目前，各种自然灾害频繁，削弱了自然生态环境的承载能力，生态变化态势令人担忧。而生态技术可以改善这一现状，它是社会、经济能稳定、持续和快速发展的技术支撑，通过生态技术的开发和示范工程的建设，探索出一条适合中国国情的可持续发展道路。

建立自然保护区是生态技术常用的一个典型示范。可持续发展理论规定了社会经济发展必须在生态环境的承载力允许范围内，满足当代和后代人发展的需要。这也说明了"生态优先"是可持续发展的体现，符合可持续发展的内在本质要求。同时，自然保护区正是以"生态优先"为理论基础的。

生物圈保护，这种开放系统的管理是人与自然之间和谐关系的模式，是实现可持续发展的示范模式。

城市与郊区复合生态系统是生态城市建设研究的对象。在城市生态系统中，生物量呈倒金字塔形，消费者的比例大于生产者，而人是其中心。同时它也不是自律系统，必须不断地从外界输入物质和能量才能维持其稳定性。由于地理位置的原因，城市与郊区之间进行着频繁的物流、能流和信息流。所以，实现城市可持续发展，必须把郊区和城区统一起来考虑。

（2）利用政府职能，促进可持续发展

可持续发展是各个方面共同努力的结果，它不仅仅是一种政府行为，还是一项决策者所担负的社会责任。在政府的宏观调控下，各个微观部分共同合作，实现可持续发展才有可能。利用政府职能包括很多方面：运用法律法规、政策等强制性手段，运用奖励、惩罚、税收等经济手段。

环境资源商品化，就是确立环境资源的有偿使用。目前，社会各界认识到无偿和有偿使用环境资源对于资源的可持续利用和生态环境的恶化具有重要的不同的影响，于是确立了环境资源商品化和有偿使用的设想，这就明确了环境资源国家所有。确立有偿使用实质上是引入市场机制，对环境实行商品化经营，通过排污费、环境税等调节手段，提高资源的利用效益和利用率。

实现可持续发展，最终还要依靠强有力的法律做保障。总之，实现可持续发展要多方共同努力、多种手段并用。

（三）可持续发展的基本原则

可持续发展是一个内容很丰富的概念。就其社会观而言，主张公平分配，既满足当代人又要满足后代人的基本需求；就其经济观而言，主张建立在保护地球自然系统基础上的持续经济发展；就其自然观而言，主张人类与自然和谐相处。从中所体现的基本原则如下：

1. 公平性原则

所谓公平是指机会选择的平等性。可持续发展的公平性原则包括两个方面：一是本代人间的公平，即代内之间的横向公平，可持续发展要满足所有人的基本需求，给他们机会以满足他们要求和美好生活的愿望，而当今世界贫富悬殊、两极分化的状况完全不符合可持续发展的原则。因此，需要给世界各国公平的发展权、公平的资源使用权，要在可持续发展的进程中消除贫困。二是代际间的公平即世代的纵向公平，当代人不能因为自己的发展与需求而损害后代人满足其发展需求的条件——自然资源与环境，要给后代人以公平利用自然资源的权利。

2. 持续性原则

资源与环境是人类生存与发展的基础和条件，可持续发展主要限制因素是资源与环境。因此，资源的永续利用和生态环境的可持续性是可持续发展的重要保证。人类发展必须以不损害支持地球生命的大气、水、土壤、生物等自然条件为前提，必须充分考虑资源的临界性，必须适应资源与环境的承载能力。换言之，人类在经济社会的发展进程中，需要根据持续性原则调整自己的生活方式，确定自身的消耗标准，而不是盲目地、过度地生产和消费。

3. 共同性原则

可持续发展关系到全球的发展。尽管不同国家的历史、经济、文化和发展水平不同，可持续发展的具体目标、政策和实施步骤也各有差异，但是，公平性和持续性原则是一致的。并且要求实现可持续发展的总目标，必须争取全球共同的配合行动。这是由地球整体性和相互依存性所决定的。因此，致力于达成既尊重各方的利益，又要保护全球环境与发展体系的国际协定至关重要。进一步发展共同的认识和共同的责任感，是这个分裂的世界十分需要的。实现可持续发展就是人类要共同促进自身之间、自身与自然之间的协调，这是人类共同的道义和责任。

第二节　循环社会的建设

一、清洁生产

（一）清洁生产的概念

清洁生产可定义为：为保持经济—社会—自然复合系统的持续化，持续地对工艺、产品及服务应用整合性及预防性的环境策略以提高效率，并减低人类及环境受到危害之机会。对工艺而言，清洁生产节约资源与能源，避免使用有毒有害原料及降低排放物的量与毒性。对产品而言，清洁生产降低自原材料取得至最终处置之生命周期中，产品对环境、健康及安全之冲击。对服务而言，清洁生产降低自系统设计、应用到资源消耗的生命周期过程中，服务对环境之冲击。

清洁生产可以实现资源的可持续利用，在生产过程中控制大部分污染，减少工业污染的来源，从根本上解决环境污染与生态破坏问题，具有很高的环境效益。而且，清洁生产可以在技术改造和工业结构调整方面大有作为，能够创造显著的经济效益。清洁生产对经济发展的巨大贡献的一个重要表现即是清洁生产技术、产品与设备等方面的国际贸易与合作日趋活跃。无论从经济角度，还是环境和社会的角度来看，推行清洁生产技术均是符合可持续发展战略的，已经成为世界各国实施可持续发展战略的重要措施，成为可持续发展的优先领域。

（二）清洁生产与末端治理的比较

清洁生产是关于产品和产品生产过程的一种新的、持续的、创造性的思维，它是指对产品和生产持续地运用整体预防的环境保护战略。

从清洁生产的含义可以看到：清洁生产是要引起研究开发者、生产者、消费者，也就是全社会对于工业产品生产及使用全过程对环境影响的关注，使污染物产生量、流失量和治理量达到最小，资源充分利用，是一种积极的、主动的态度。而末端治理把环境责任放在环保研究、管理等人员身上，仅仅把注意力集中在对生产过程中已经产生的污染物的处理上，具体对企业来说只有环保部门来处理这一问题，所以总是处于被动的、消极的地位。

但是末端治理与清洁生产两者并非互不相容，也就是说推行清洁生产还需要末端治理，这是由于：工业生产无法完全避免污染的生产，最先进的生产工艺也不能避免产生污染物；用过的产品还必须进行最终处理、处置。因此，清洁生产和末端治理永远长期并存。末端治理技术，包括水污染防治技术、大气污染防治技术、固体废物污染防治及综合利用技术以及噪声污染控制技术。

（三）推行清洁生产的主要政策

清洁生产是实现可持续发展战略的一项具体措施，是世界环境保护的发展趋势。联合国环境规划署在总结了人类社会关于环境污染控制经历的"不惜一切代价求发展""稀释扩散污染物"和"末端治理污染物"三个过程后，于20世纪90年代推出了清洁生产计划。目前，世界上许多发达国家已经采取或正在采取一系列强制的或刺激的政策推行清洁生产，中国推行清洁生产的政策也正在积极拟定中。

中国污染防治工作大体上经历了20世纪70年代的点源治理、80年代的污染集中控制和90年代以推行清洁生产为中心的工业污染综合防治三个阶段。伴随着这三个阶段的发展历程，中国环境管理和防止工业污染方面最重要的改革可归纳为"三个结合"，即对污染物的排放要求浓度控制与总量控制相结合，对污染物的控制重点要求企业末端治理与全过程控制相结合，对污染物的控制方式要求点源治理与集中控制相结合。根据这一改革思路，中国的清洁生产正在积极稳妥地进行，如大力进行人员培训、成立国家清洁生产中心；建立企业实施清洁生产的技术方法；进行清洁生产试点，形成一批清洁生产示范企业；正在拟定推行清洁生产的政策等。

二、循环经济

（一）循环经济的定义与内涵

所谓循环经济，本质上是一种生态经济，它要求运用生态学规律而不是机械论规律来指导人类社会的经济活动。

传统经济是一种由"资源—产品—污染排放"单向流动的线性经济，其特征是高开采、低利用、高排放。与传统经济相比，循环经济的不同之处在于：循环经济倡导的是一种与环境和谐的经济发展模式。它要求把经济活动组织成一个"资源—产品—再生资源"的反馈式流程，其特征是低开采、高利用、低排放。

循环经济主要遵循 3R 原则，即减量化、再利用、资源化（或称再循环），每一原则对循环经济的成功实施都是必不可少的。

减量化原则针对的是输入端，旨在减少进入生产和消费过程中的物质和能源流量。换句话说，对废弃物的产生，是通过预防的方式而不是末端治理的方式来加以避免的。在生产中，制造厂可以通过减少每个产品的原料使用量，通过重新设计制造工艺来节约资源和减少排放。例如，通过制造轻型汽车来替代重型汽车，既可节约金属资源，又可节省能源，仍可满足消费者乘车的安全标准和出行要求。在消费中，人们可以选择包装物较少的物品，购买耐用的可循环使用的物品而不是一次性物品，以减少垃圾的产生。

再利用原则属于过程性方法，目的是延长产品和服务的时间强度。也就是说，尽可能多次或多种方式地使用物品，避免物品过早地成为垃圾。在生产中，制造商可以使用标准尺寸进行设计，例如，使用标准尺寸设计可以使计算机、电视和其他电子装置非常容易和便捷地升级换代，而不必更换整个产品。在生活中，人们可以将可维修的物品返回市场体系供别人使用或捐献自己不再需要的物品。

资源化原则是输出端方法，通过把废弃物再次变成资源以减少最终处理量，也就是我们通常所说的废品的回收利用和废物的综合利用。资源化能够减少垃圾的产生，制成使用能源较少的新产品。资源化有两种：一是原级资源化，即将消费者遗弃的废弃物资源化后形成与原来相同的新产品，例如，将废纸生产出再生纸，废玻璃生产玻璃，废钢铁生产钢铁等；二是次级资源化，即废弃物变成与原来不同类型的新产品。原级资源化利用再生资源比例高，而次级资源化利用再生资源比例低。与资源化过程相适应，消费者应增强购买再生物品的意识，来促进整个循环经济的实现。

（二）我国发展循环经济的思路

发展循环经济，要坚持以科学发展观为指导，以优化资源利用方式为核心，以提高资源生产率和降低废弃物排放为目标，以技术创新和制度创新为动力，采取切实有效的措施，动员各方面力量，积极加以推进。

1. 加强规划与立法

各级政府要切实转变观念，把发展循环经济纳入地方国民经济发展计划中，对经济发展的空间布局进行统一规划，对各地区在全局发展过程中的功能进行重新定位。

要构建适合循环经济的法律、法规和政策框架，依法推进循环经济。通过循环经济立法，明确消费者、企业、各级政府在发展循环经济方面的责任和义务。加快"循环经济促进法"的立法进程，抓紧制定具体法规。同时，制定高耗能、高耗水行业市场准入标准，建立强制性产品能效标识和再生利用品标识制度，制定重点行业清洁生产评价指标体系。

2. 构建支撑体系

重视扶持环保产业的发展和环境科技的研究开发与应用，特别是废弃物再利用的新技术研究、新材料和新产品的生产工艺研究以及降低物耗、能耗的生产工艺研究。政府及有关部门对具前沿性、创新性的研究要给予大力扶持，并及时转入应用；科技工作者应当担负起知识经济赋予的重任，将知识经济和循环经济的发展有机地结合起来，开发建立生态工业、生态农业等产业以及整个社会发展急需的绿色技术支撑体系；建立一套区（县）域可持续发展的指标评价考核体系，作为对地方经济社会发展业绩评价的基本依据；科研院所、企业要通过产权制度和劳动制度改革，建立符合市场经济的能调动包括科技人员在内的科技创新内在积极性的新体制；认真贯彻国家以信息化带动工业化，以工业化促进信息化的战略，以信息化带动和促进循环经济的发展。环保等有关部门可建立工业原料及废弃物方面的信息库，向社会提供有关循环经济方面的信息、网络等服务体系。

3. 完善政府调控手段

政府以法律、行政等手段促进企业推广清洁工艺，确保循环经济流程的良性运行；加大推进循环经济的财政收入，政府要通过提供补助金、低息贷款等手段帮助企业建立循环经济生产系统；建立消费拉动、政府采购、政策激励的循环经济发展政策体系；按照污染者付费、利用者补偿、开发者保护、破坏者恢复的原则，大力推进生态环境的有偿使用制度；重点对一些亏损或微利的废旧物品回收利用产业、废弃物无害化处理产业，可以通过税收优惠和政府补贴政策，使其能够获得社会平均利润率；在增加环境（污染排放）税、资源使用税的同时可以对企业用于环境保护的投资实行税收抵扣；设立环境技术开发基金，重点支持废旧物品回收处理和再利用技术的研究与开发，促进区域环境综合治理等公用性事业方面适用技术的开发、应用与推广。

4. 培育市场主体

政府所提供的支持推广循环经济的资金只能是引导性的，要立足于以市场机制和办法解决推广循环经济的经费问题。循环经济对发达国家提高资源利用率、缓解资源短缺、减轻环境污染压力等方面已产生显著效果。我国的环保产业前景广阔。要大力宣传环保产业的重大商机，吸引民间资金流入循环经济圈，培育废弃物和闲置物再资源化产业，发展"再资源化"市场。

5. 改革政府用人机制

推进循环经济，关键在干部队伍。为满足推进循环经济对大量高素质人才的迫切需要，必须加大干部考核选拔任用制度改革力度，构建科学的人才考察选用新机制，把发展循环经济的成效列为评价和使用干部的重要依据，真正做到能者上，庸者让，为干事创业者提供施展抱负的舞台。

6. 鼓励公众参与

发展循环经济必须在生态环境伦理体系和市场经济伦理之间建立一套新的循环经济伦理体系，并使之深入人心，得到公众的理解和支持。循环经济涉及生产和生活的所有领域，与全社会所有人的利益都密切相关，因此，必须发动社会大众，充分认识环境和资源对可持续发展的严重制约，使全社会充分认识循环经济模式对中国可持续发展的重要性。有必要在中国开展一场发展循环经济的社会动员，鼓励非政府组织充分发挥作用。

三、自然资源的可持续利用

（一）自然资源的类型

自然资源分类是研究自然资源特点及其对社会经济活动影响的基础。为了研究自然资源的可持续利用问题，根据自然资源能否再生进行分类。据此，自然资源就可以分为可耗竭资源和可更新资源（可再生资源）两大类。

1. 可耗竭资源

假定在任何对人类有意义的时间范围内，资源质量保持不变，资源蕴藏量不再增加的资源称为可耗竭资源。耗竭既可看作是一个过程，也可以看作是一种状态。可耗竭资源的持续开采过程也就是资源的耗竭过程。当资源的蕴藏量为零时，就达到了耗竭状态。可耗竭资源按其能否重复使用，又分为可回收的可耗竭资源和不可回收的可耗竭资源。

2. 可更新资源（可再生资源）

能够通过自然力以某一增长率保持或增加蕴藏量的自然资源是可更新资源，例如太阳能、大气、森林、鱼类、农作物以及各种野生动植物等。许多可更新资源的可持续性受人类利用方式的影响。在合理开发利用的情况下，资源可以恢复、更新、再生产甚至不断增长；在开发利用不合理的条件下，其可更新过程就会受阻，使蕴藏量不断减少，以致耗竭。例如：水土流失导致土壤肥力下降；过度捕捞使渔业资源枯竭，并且进一步降低鱼群的自然增长率。有些可更新资源的蕴藏量和可持续性则不受人类活动影响，例如，太阳能，当代人消费的数量不会使后代人消费的数量减少。

（二）自然资源的可持续利用

对于不同类型的自然资源，可持续利用具有不同的含义。可耗竭资源因为不可再生，其可持续利用实际上是最优耗竭问题，主要包括两方面的内容：一是在不同时期合理配置有限的资源；二是使用可更新资源替代可耗竭资源。对于可更新资源来说，主要是合理调控资源使用率，实现资源的永续利用。

1. 可耗竭资源的最优耗竭

实现高效率的资源配置的核心问题是在不同时期配置可耗竭资源。高效率资源配置的社会目标是使资源利用净效益的现值最大化。对于可耗竭资源而言，需要合理分配不同时期的资源使用量。

2. 可更新资源的可持续利用

在关于可更新资源可持续利用的经济学分析中，财产权是最重要的影响因素。财产权明确的可更新商品性资源和财产权不明确或者不可能确定财产权的可更新公共物品资源，有着不同的持续利用方式。

（1）可更新商品性资源

这类可更新资源的管理类似一般生产过程的管理，其可持续利用问题主要是确定资源的最佳收获期和最大可持续收获量。

（2）可更新公共物品资源

可更新公共物品资源的可持续利用主要是通过控制使用率和收获率，实现最大可持续收获量。公共物品资源不可能确定专有财产权，因此，不可能像一般生产过程那样进行管理。私人林场可以自行决定林木数量和采伐时间，然而在公海渔场，因为私人不能拥有财产权，对资源利用的控制必须通过实施国家政策。

第六章 生态视域下的农业环境保护实践

第一节 农业资源保护

一、农业资源的分类与特性

农业资源是人类赖以生存的物质基础，随着我国社会经济的发展和人口数量的不断增加，农业资源承受的压力越来越大，并导致局部地区农业资源的退化和生态环境的不断恶化，严重地制约着我国经济的可持续发展和人民生活水平的提高。清醒地认识我国农业资源的现状，解决农业资源利用中存在的问题，协调好人口、资源、环境和发展之间的关系，走农业资源可持续利用的道路，是我国农业发展的战略选择。

在一定的技术、经济和社会条件下，人类农业活动所依赖的自然资源、自然条件和社会条件构成农业资源。认识农业资源的存在状况及其发展规律，目的在于合理开发与保护农业资源，建立与资源状况相适应的农业生产结构体系，提高资源的转化效率，以促进农业生产持续、稳定发展。

（一）农业资源的相关概念

1. 资源

资源是在一定的时空范围和一定的经济条件、技术水平下，由人们发现的、可被人们利用的、有价值的物质和因素，包括有形的物品和无形的因素，如资本、技术和智慧等。资源既包括一切为人类所需要的自然物，如阳光、空气、水、矿产、土壤、植物及动物等；也包括以人类劳动产品形式出现的一切有用物，如各种房屋、设备、其他消费性商品及生产资料性商品；还包括无形的资产，如信息、知识和技术以及人类本身的体力和智力。任何事物只要它能满足人们的某种特定需求，能够被人们利用来实现某些有价值的目的，都可以被认为是资源。资源包括两大类别，即自然界赋予的自然资源和来自人类社会劳动的社会资源，包括来自社会的人、财、物和技术等。

资源的概念是动态的，是随着人类的认识水平和科技成就而不断地扩展的，与人类需要和利用能力紧密联系。也就是说，资源是一个历史范畴的概念，随着社会生产力水平和科学技术水平的进步，其内涵与外延将不断深化和扩大。

2. 农业资源

农业资源是一种特定的资源，是指农业生产活动中所利用的有形投入和无形投入。它包括自然界的投入和来自人类社会本身的投入，并且，由于它与农业这一特定的产业部门联系在一起，所以也或多或少地具有部门的一些特性。

农业资源有广义与狭义之分。由于农业生产是在人类管理与控制下的一种有目的的生物生长过程，所以农业生产活动所需要的投入包括生物生长发育所需要的自然界的投入和人类为达到特定目的而进行的物质技术投入。广义的农业资源是指所有农业自然资源和农业生产所需要的社会经济技术资源的总和。狭义的农业资源仅指农业自然资源，不包括农业生产的社会经济技术条件。

农业自然资源是自然界可被利用于农业生产的物质和能量，以及保证农业生产活动正常进行所需要的自然环境条件的总称。农业自然资源包括农业气候资源、农业土地资源、农业水资源、农业生物资源。

农业生产的社会经济技术资源，是指农业生产过程中所需要的来自人类社会的物质技术投入和保证农业生产活动正常进行所必需的社会经济条件。农业社会经济资源包括农业人力资源、农业能源与矿产资源、农业资金、农业物质技术资源、农业旅游资源、农业信息资源等。随着农业经营从经验上升到科学，从小规模自给性生产到大规模商品性生产，农业越来越需要准确的天气、病虫、地力、技术、交通、市场等方面的农业生产信息。因此，农业生产信息也正成为日益重要的社会资源。

（二）农业资源的分类

依据资源的直接来源，农业资源可分为自然资源和社会资源两大类。

自然资源是指在一定社会经济技术水平下，能够产生生态效益或经济价值，以提高人类当前或预见未来生存质量的自然物质、能量和信息的总和。农业资源包括来自岩石圈、大气圈、水圈和生物圈的物质。具体包括：由太阳辐射、降水、温度等因素构成的气候资源，由地貌、地形、土壤等因素构成的土地资源，由天然降水、地表水、地下水构成的水资源，由各种动植物、微生物构成的生物资源。生物资源是农业生产的对象，而土地、气候、水资源等是作为生物生存的环境存在的，是全部生物种群生命活动依托的处所。

社会资源是指通过开发利用自然资源创造出来的有助于农业生产力提高的人工资源，如劳力、畜力、农机具、化石燃料、电力、化肥、农药、资金、技术、信息等。

自然资源与社会资源的关系：①自然资源是农业资源的基础，是生物再生产的基本条件。②社会资源的投入是对自然资源的强化和有序调控手段，可以扩大自然资源利用的广度和深度，反映农业发达的程度和农业生产水平。如在农业发展早期，人们主要依赖优越的自然资源，除人力、畜力及简单的农具外，几乎没有其他社会资源投入，生产力水平极低下，随着生产的发展，社会资源的投入日益增多，农业生产力随之不断提高，现代农业生产越来越依赖社会资源的投入。③在农业生产中社会资源的投入并不是越多越好，伴随现代农业的发展而带来的诸如环境污染、资源短缺等一系列社会、生态弊端正影响着人类健康发展，有待在前进中不断克服和发展。④农业生产是自然再生产与经济再生产相交织的综合体，农产品是自然资源与社会资源共同作用的结果，都是人类通过社会劳动把资源的潜在生产力化为社会财富的过程。如玉米种子春天播种到出苗后经过一系列的生长发育过程，秋天又能收回更多的种子，是种子自身繁殖即自然再生产过程；同时从种到收需要投入种子、劳力、畜力、化肥、机械等费用，但通过卖种子又能获得较这些费用更高的经济收入，这是经济再生产过程。

按其重复利用程度，农业自然资源可进一步分为可更新资源（再生性资源）和不可更新资源（不可再生性资源）。如土壤肥力可以借助于生物循环得到更新，得以长期利用；森林、草原以及各种动植物、微生物、地表水、地下水也属于可更新资源；劳力、畜力等也属于可更新资源；农业气候资源（如光、温、降水）在年内属于流失性资源，在年间又具有相对的稳定性，能年复一年地显现，也可归为可更新资源中。可更新资源能持续地或周期性地被产生、补充和更新。而不可更新资源缺乏这种持续补充和更新能力，或者其补充和更新周期相对于人类的生产活动而言过长。化石燃料、矿藏等都属不可更新资源。深层地下水的补充和更新常常较缓慢，特别是在干旱地区，人们常把这种深层地下水当作是一种不可更新的"水矿"。不可更新资源的贮量有限，用一点少一点，如不珍惜或节约使用，就会供不应求，导致资源危机。

（三）农业自然资源的特性

随着人类认识水平的提高，会有越来越多的物质成为资源，所以，物质资源化和资源潜力的发挥是无限的，但在一定的时空范围和经济、技术水平下，有效性和稀缺性是资源的本质属性。一般而言，自然资源都有一些共同的特征。

1. 可用性

可用性即资源必须是可以被人类利用的物质和能量。对人类社会经济发展能够产生效益或者价值。如耕地资源，是农业生产的基础，它为人类生活提供了80%以上的热量、75%以上的蛋白质、85%以上的食物。

2. 有限性

有限性是指在一定条件下资源的数量是有限的，不是取之不尽、用之不竭的。不可更新资源的有限性显而易见，而可更新资源的自然再生、补充能力也同样有限。当人类对其开发利用超过自然资源的更新能力时，就会导致资源量的逐渐枯竭，因而可更新资源也具有稀缺性。以水资源为例，地球表面70%被水覆盖，从宇宙中观察，地球几乎是一个"水球"。但在许多干旱的内陆地区，水资源是一种绝对的稀缺资源，并成为限制经济社会发展的主要因子。

3. 多宜性

多宜性即自然资源一般都可用于多种途径，如土地可用于农业、林业、牧业，也可用于工业、交通和建筑等。自然资源的多宜性为开发、利用资源提供了选择的可能性。例如，一条河流，两岸护以林带，在适当地点筑坝就能为能源部门提供廉价的电力，为农业提供自流灌溉，为交通提供经济的水运，为牧业提供水生饲料，为居民提供优美的生活环境，为旅游者提供游览区，还可以提供水产品和林产品。资源的开发与保护要根据这一特点，不能仅局限于资源的某一种功能，而必须充分发挥其各种利用潜力，发挥资源的综合效益。

4. 整体性

整体性是指自然资源不是孤立存在的，而是相互联系、相互影响和相互依赖的复杂整体，是一个庞大的生态系统。一种资源的利用会影响其他资源的利用性能，也受其他资源利用状态的影响。如土地是一个较广泛的概念，它可以包括特定区域空间的水、空气、辐射等多种资源；由于水、气资源的质量变化，也会影响到土地资源质量的变化；水资源的缺乏会引起土地生产力的下降。因此，在开发利用的过程中，必须统筹安排、合理规划，以确保生态系统的良性循环。

5. 区域性

自然资源存在空间分布的不均匀性和严格的区域性。虽然从宏观上，全球自然资源是一个整体，但任何一种资源在地球上的分布都不是均匀的，各种资源的性质、数量、质量及组合特征等形成很大地域差别。中国自然资源的分布就具有明显的地域性。煤、石油和天然气等能源资源主要分布在北方，而南方则蕴含丰富的水资源。这种资源分布的地域性与不平衡性，影响着经济的布局、结构、规模与发展，使资源的运输和调配成为必然。

6. 可塑性

可塑性指自然资源在受外界有利的影响时会逐渐得到改善，而在不利的干扰下会导致资源质量的下降或破坏。这就为资源的定向利用和保护提供了依据。人类虽不能创造自然资源，但可以采取各种措施，在一定程度上改变它的形态和性质。如通过改土培肥、改善水利、培育优良的生物品种等，进一步发挥自然资源的生产潜力。自然资源不仅是人类生产劳动的对象，一定条件下也可以是人类生产劳动的产物。

在社会经济的发展中，必须正确地处理好自然资源利用与保护的关系。对自然资源的过度利用，势必影响资源的整体平衡，使其整体结构、功能以及在自然环境中的生态效能遭到破坏甚至丧失，从而导致自然整体的破坏。因此，开发任何一项自然资源，都必须注意保护人类赖以生存、生活、生产的自然环境。

（四）我国农业自然资源状况

我国位于亚洲的东部，东临太平洋，是一个海陆兼备的国家。南北相距 5 500km，东西相距 5 200km，大陆海岸线长超过 18 000km，沿海岛屿 5 000 多个。我国是一个多山的国家，山地和高原所占面积很大。海拔 500m 以上的，占全国总面积的 75%，山地、高原、丘陵占 69%，平原占 12%，盆地占 19%。地势西高东低，自西向东构成了"三大阶梯"。以青藏高原为主的最高的一级阶梯，海拔 4 000m 以上，青藏高原至大兴安岭、太行山、巫山和雪峰山之间为第二阶梯，海拔在 1 000 ~ 2 000m，主要由山地、高原和盆地组成，从该线往东直到海岸线，以海拔 1 000m 以下的平原、低山和丘陵为主，是最低一级阶梯，东北平原、华北平原、长江中下游平原几乎相连，是我国最重要的农业区。

1. 土地资源和耕地资源

土地是人类从事生产活动的场所，是农业生产最基本、最珍贵的生产资料，广义的土地是指地球表层所拥有的全部自然资源和包括人类活动影响在内的全部综合体。狭义的土地是指地球表面的陆地部分，是土壤、地形、植被、岩石、水文、气候等因素长期作用，以及人类的长期活动共同影响形成的自然综合体。我国土地资源的特征包括以下几个方面：

（1）绝对数量大、人均占有量少

世界人均耕地 $0.37hm^2$，我国人均仅 $0.1hm^2$；人均草地世界平均为 $0.76hm^2$，我国为 $0.35hm^2$。

（2）类型多样、区域差异显著

我国地跨赤道带、热带、亚热带、暖温带、温带和寒温带，其中，亚热带、暖温带、温带合计约占全国土地面积的 71.7%，温度条件比较优越。从东到西又可分为湿润地区（占土地面积的 32.2%）、半湿润地区（占 17.8%）、半干旱地区（占 19.2%）、干旱地区（占 30.8%）。又由于地形条件复杂，山地、高原、丘陵、盆地、平原等各类地形交错分布，形成了复杂多样的土地资源类型，区域差异明显。全国 90% 以上的耕地和内陆水域分布在东南部地区，一半以上的林地分布并集中于东北部和西南部地区，86% 以上的草地分布在西北部干旱地区。

（3）难以开发利用和质量不高的土地比例较大

我国有相当一部分土地是难以开发利用的。在全国国土总面积中，沙漠占 7.4%，戈壁占 5.9%，石质裸岩占 4.8%，冰川与永久积雪占 0.5%，加上居民点、道路占用的 8.3%，全国不能供农林牧业利用的土地占全国土地面积的 26.9%。在现有耕地中，涝洼地占 4.0%，盐碱地占 6.7%，水土流失地占 6.7%，红壤低产地占 12%，次生潜育性水稻地为 6.7%，还有近亿亩耕地坡度在 25° 以上，需要逐步退耕。干旱、半干旱地区 40% 的耕地不同程度地出现退化，全国 30% 左右的耕地不同程度地受到水土流失的危害。

2. 气候资源

（1）光资源

太阳辐射是进行光合作用的能源，也是生命所需热量的能源。我国大部分地区属于中纬度地带，太阳辐射能资源丰富。光照年总辐射量在 $80 \sim 240 kcal/cm^2$，其分布规律是从东向西逐渐增大。年辐射量最大的青藏高原，大部分地区在 $160 kcal/cm^2$ 以上，西北地区年辐射量为 $110 \sim 130 kcal/cm^2$，华北地区为 $120 \sim 140 kcal/cm^2$，东北地区为 $110 \sim 130 kcal/cm^2$，长江中下游地区为 $120 \sim 130 kcal/cm^2$，而其上游四川盆地仅 $80 \sim 100 kcal/cm^2$，是全国年辐射量最低的地区。目前，全国光能利用率平均约为 0.5%，光热潜力仍然很大，提高复种指数、实行间套作是提高光能利用率的重要途径。

全年日照时数，华南一般 1 800h，日照百分率 45%，长江中下游分别为 2 000 ~ 2 200h 及 40% ~ 45%，华北 2 600h 与 65%，内蒙古自治区、西北各地 3 000h 及 60% ~ 70%，最多的在塔里木盆地东部、内蒙古自治区西部、宁夏回族自治区、甘肃北部、柴达木盆地和西藏西部地区，全年日照时数达 3 100 ~ 3 300h，日照百分率达 70%。

（2）热量资源

热量是维持生命活动的主要条件。在现有的科技水平下，很难大面积地改变与控制热量条件。因此，作物的生产力在一定程度上取决于热量条件。热量条件对作物布局、多熟种植起了决定性作用。我国大部分地区属于温带和亚热带，热量资源南方比较丰富。按大于等于10℃积温划分，我国的热量分布自南向北逐渐减少。一般纬度越高，海拔越高，大于等于10℃积温越低。如最南部的南沙群岛全年日平均温度都在10℃以上，最北部的黑龙江北部一般不适宜农作物生长。东北平原一年一熟；华北、关中平原可一年两熟；长江流域以南地区可一年三熟，南岭以南地区农作物可四季生长，稻作一年可三熟。各地区无霜期大致是：黑龙江北部小于100d，东北大部100~160d，长城以南160~210d，秦岭淮河以南210~250d，长江下游250~300d，华南300~360d，海南365d。

（3）降水资源

我国多年平均降水量648mm，降水总量6.19万亿m³。年降水量分布极不平衡，总的趋势从东南沿海向西北内陆逐渐减少。东南沿海和西南部分地区年降水量超过2 000mm，长江流域1 000~1 500mm，华北、东北400~800mm，西北内陆地区年降水量显著减少，一般不到200mm，新疆塔里木盆地、吐鲁番盆地和青海柴达木盆地是降水量最小的地区，一般为50mm，盆地中部不足25mm。

3. 水资源

水资源包括降水量、河川径流与地下水。我国平均年径流总量为27 115亿m³，年均地下水资源量为8288亿m³，扣除重复计算量，我国的多年平均水资源总量为28 124亿m³。河流径流是水资源的主要组成部分，占我国水资源总量的94.4%。我国平均年降水量为61889亿m³，降水量的45%转化为地表和地下水资源，55%消耗于蒸发。

我国水资源的主要特点：①总量并不丰富，人均占有量更低。我国水资源总量居世界第六位，人均占有量为2240m³，约为世界人均的1/4，在世界银行连续统计的153个国家中居第88位，属于世界上13个贫水国之一。②地区分布不均，水土资源不相匹配，南多北少，东多西少。长江流域及其以南地区国土面积只占全国的36.5%，其水资源量占全国的81%；淮河流域及其以北地区的国土面积占全国的63.5%，其水资源量仅占全国水资源总量的19%。③年内年际分配不匀，旱涝灾害频繁。大部分地区年内连续四个月降水量占全年的70%以上，连续丰水年或连续枯水年较为常见。

4. 生物资源

我国生物种属繁多，群落类型多样，品种资源丰富，是世界上生物种类最丰富的国家之一。我国有高等植物300多个科，2 980多个属，3万多个种。仅次于马来西亚、巴西，居世界第三位。

（1）我国农、林、牧、渔业的品种资源丰富

我国是世界上最古老的作物资源中心之一，世界上栽培植物（农作物）中最主要的有

90 多种，常见的在我国就有 50 多种，其中，水稻、大豆、粟、稷、荞麦、绿豆、赤豆等 20 种作物均起源于我国。全世界果树大约属 60 科，2 200 种左右，而我国主要果树就有 50 多科，约 300 种，品种万余个。全世界栽培的蔬菜大约有 100 多种，其中，原产于我国的约占 49%。我国也是许多著名花卉的原产地。豆科牧草全世界约有 600 属 1 200 种，我国约有 139 属 1130 种，是人工草场最重要的栽培牧草；禾本科牧草全世界共有 500 属 6 000 多种，我国有 190 多属 1 150 种。我国还有丰富的野生资源植物，初步统计较重要的纤维原料植物有 438 种，淀粉原料植物 145 种，蛋白质和氨基酸植物 260 种，油脂植物 374 种，芳香油料植物 285 种，药用植物更是种类繁多，而且有许多是我国特有的珍稀种类。初步统计，我国有鸟类 1 186 种、兽类 470 余种，其中，具有经济价值的鸟类和兽类分别有 329 和 188 种。我国的家禽家畜品种资源也十分丰富，著名的地方良种约 280 个，其中，拥有地方猪品种就有 48 个。我国近海有较大经济价值的鱼类 1 500 多种，有淡水鱼类 832 种，其中，不入海的纯淡水鱼类 767 种，江河洄游性鱼类 65 种。

此外，我国动物区系兼有古北区和东洋区的特点，黄河、长江中下游地区，两大区系的动物交叉分布，兽类中的狼、狐，鸟类中的麻雀、喜鹊、鸢等广泛分布，一级保护的特有珍稀动物有大熊猫、金丝猴、白唇鹿等 23 种，鸟类有丹顶鹤等 3 种，还有爬行类扬子鳄等。害虫天敌资源有赤眼蜂、啄木鸟等。

（2）森林资源

森林是重要的生物资源，21 世纪初森林清查结果，森林面积 2.36 亿万 hm²，全国森林覆盖率达到 18.21%，森林蓄积量 199.7 亿 m³。经济价值较高的有 1 000 多种，如用材树种红松、落叶松、云杉、冷杉等，粮油树种板栗、大枣、核桃、油茶等，经济林树种橡胶、油桐、竹等。我国特有的古老树种有水杉、银杉等。

我国森林资源的特点是：①人均占有量低。我国的森林覆盖率只相当于世界森林覆盖率的 61.52%，平均每人占有森林面积不到 0.132hm²，全国人均占有森林面积不到世界人均占有量的 1/4。②分布不均，东部地区森林覆盖率为 34.27%，中部地区为 27.12%，西部地区 12.54%，而占国土面积 32.19% 的西北 5 省区森林覆盖率只有 5.86%。③森林质量不高，林龄结构不合理。可采资源继续减少，这对后备资源培育构成极大威胁。④蓄积量低。全国平均每公顷蓄积量只有 84.73m³，单位面积蓄积量指标远远低于世界林业发达国家水平，人均木材蓄积量 9m³，仅相当世界人均水平的 13%。林木蓄积消耗量呈上升趋势，超限额采伐问题十分严重，全国年均超限额采伐达 7 554.21 万 m³。

（3）草原资源

我国草原面积约 3.19 亿 hm²，约占全国总面积的 33.6%，其中，可利用面积为 2.62

亿 hm²，主要分布在中国的西北部。从大兴安岭起，经黄土高原北部、青藏高原东缘，至横断山脉画一斜线，线以西为草原集中分布区，以东为农耕区（其间约有草地 440 万 hm²）。我国重要的饲用植物不下 6 000 种，占世界主要禾本科和豆科牧草种类的 85% 以上。中国草原上养育的各种家畜（不包括猪）量占全国 1/3 以上，其中有多种著名畜种，如三河马、新疆细毛羊、伊犁马、西藏羊、沙毛山羊及阿拉善骆驼等。

（4）水产资源

我国不仅有辽阔的陆地疆域，渤海、黄海、东海、南海四海相连，呈东北西南向的弧形，环绕我国东部和东南海岸，总面积 370 万 hm²，其中 200m 深线以内的大陆架面积 1.47 亿 hm²。内陆水面约 0.27 亿 hm²，其中河流 0.12 亿 hm²，湖泊 0.08 亿 hm²，池塘水库近 0.07 亿 hm²，沿海还有潜海滩涂 49.33 万 hm²。目前淡水渔业利用率为 65%，淡水养殖的利用率为 23.5%，海洋捕捞多集中在近海范围，已引起近海渔业的退化，单位船生产力下降，同时经济鱼减少，杂鱼、小鱼增多。

5. 矿产资源

矿产资源是地壳形成后，经过几千万年、几亿年甚至几十亿年的地质作用而生成，露于地表或埋藏于地下的具有利用价值的自然资源。目前，95% 以上的能源、80% 以上的工业原料、70% 以上的农业生产资料、30% 以上的工农业用水均来自矿产资源。

我国地质条件复杂，矿产资源丰富，矿种齐全，全国有查明资源储量的矿产共 159 种。其中，能源矿产 10 种、金属矿产 54 种、非金属矿产 92 种、水气矿产 3 种。据《国土资源报》报道，截至 21 世纪初，我国探明可直接利用的煤炭储量 1 886 亿 t，人均探明煤炭储量 145t，按人均年消费煤炭 1.45t 以及全国年产 19 亿 t 煤炭计算，可以保证开采上百年。另外，包括 3 317 亿 t 基础储量和 6 872 亿 t 资源量共计 1 万多亿 t 的资源，可以留待后人勘探开发。主要矿产的保有储量，铁矿石 476 亿 t、磷矿石 160 亿 t、钾盐约 5 亿 t、食盐 4 040 亿 t。我国矿产资源的特点是：资源总量大，人均占有少；富矿少，贫矿多；地区分布不平衡；规模小，生产效率低；注重传统矿产资源开发利用，非传统矿产资源利用少。

二、农业资源的合理利用与评价

人类对资源的利用最初仅仅是为了温饱和生存，随着人类社会的发展，经济收益在资源利用中的地位逐步上升，开展资源保护通常与资源利用发生矛盾。为了解决人口增长与人均自然资源和农业用地不断减少的矛盾，为了保护自然资源、改善生态环境，为了农业现代化进一步发展，必须合理利用农业资源，所谓合理利用农业资源，就是合理地开发、利用、治理、保护和管理农业资源，以期达到最佳的生态和经济效益。

合理利用农业资源，是发展农业生产的一个具有战略意义的重大问题，必须依据农业资源的特性，综合考虑农业生态系统内的资源现状，以及各种农业资源所具备的特点，合理利用农业资源，遵循资源利用的基本原则，以充分发挥资源的最大效益。

（一）合理利用农业自然资源的基本原则

随着社会生产的发展和人口的增加，产生了资源的有限性和环境污染问题的矛盾，这个矛盾日趋突出。为了解决人口增长与人均自然资源和农业用地不断减少的矛盾，为了保护自然资源、改善生态环境，为了农业现代化进一步发展，必须合理利用农业资源。所谓合理利用农业资源，就是农业资源的合理开发、利用、治理、保护和管理，以期达到最好的综合经济效果。

合理利用农业自然资源，是发展农业生产的一个具有战略意义的重大问题。必须根据前述的自然资源的基本特性，综合考虑农业生态系统内的资源现状，以及各种农业资源所具备的特点，合理利用农业资源，遵循以下基本原则，以充分发挥资源效益。

1. 因地制宜、因时制宜的原则

我国地域辽阔，自然资源时空分布形成了严格的区域性和时间节律性。因此，在农业自然资源的合理利用中，要注意遵循因地制宜、因时制宜的原则，切忌"一刀切"。特别是农用可更新资源的利用，一方面要注意不同农作物、畜禽、林木、水生生物等都对其生长发育环境有着特殊的要求；另一方面要注意分析和研究不同地区资源的特点和其可利用性，充分利用资源的有利条件，发挥其生产潜力，做到宜农则农、宜林则林、宜牧则牧、宜渔则渔，并根据资源的供应量，合理组配农业生物种群和配置适宜的种群密度。针对农业自然资源的时间节律性，设计合理的农业生物节律与之配合，真正做到因地制宜和因时制宜，扬长避短，发挥优势。

譬如，根据气候干湿状况与生产力地区差异，在我国的东南部湿润、半湿润地区，要充分发挥资源的综合优势，不断提高综合效益；西北部干旱、半干旱地区，立足于保护生态环境，努力恢复和提高资源生产力；东西部之间，干湿过渡地带，要加强综合治理，尽快扭转恶性循环。

不同的农业生态系统，其农业社会资源状况也具有很大的差异，农业基础设施、经济实力和融资能力、离主要贸易中心的距离、交通运输能力、劳动力的数量和质量、农业信息的获取和处理能力等各不相同，农产品市场更是一个动态市场，农业经营者应根据本单位的具体情况，找出自己的社会资源优势和不足，随时掌握农产品市场的动态变化，具体情况具体分析，因地制宜、因时制宜地安排农业生产。

2. 资源利用与资源保护相结合的原则

资源利用与资源保护是相互联系又相互制约的，合理利用必须做到合理开发利用与加强资源保护相结合。在开发利用时注意保护，在保护的前提下合理开发利用。如果说开发利用资源是为了满足人类生活和社会需求，保护资源就是为了保证这种供应的连续性；如果说开发利用资源是为了提供当代人的需要，那么保护资源是为了不危害子孙后代的需求。

自然资源的合理利用和保护，应当根据不同的资源类型和特点，制订相应的利用和保护计划。可更新资源的利用要首先考虑资源的再生能力，开发利用的强度不应超过资源的再生能力。在利用可更新资源时，还要注意抑制资源生产力的下降，防止自然资源的破坏和流失，确保其可持续利用。对于系统内不可更新资源的利用，要确定资源的储采比，合理调节有限资源的耗竭速度，开源节流，延长资源的使用年限。

任何一种资源的利用都有适量、不适量和最大适量的问题，中国在农业生产中严重的教训是过去曾经忽视了生态平衡，对自然资源的利用超过了资源的利用极限和再生极限，进行掠夺性经营。诸如种植业中的盲目开荒、林木业中的过度采伐、草原牧业中的超载放牧、渔业中的过度捕捞等。其对于农业生产力以及生态环境所带来的恶果已为历史事实所证明。

合理利用和保护资源，不仅包括对自然资源的保护和利用，也包括对农业社会资源的合理利用和保护。在农业社会资源的合理利用和保护中，构筑合理的人才管理机制是现代化农业企业的关键，通过引进人才、培训人才、加强社会交往，以充实加强系统的人才储备库；通过继续教育、对口培训，以提高系统内的劳动者素质；通过合理的分配制度、和谐的内部关系，以充分调动全体从业人员的积极性。

3. 资源利用与资源节约相结合的原则

由于中国生产技术比较落后，设备陈旧，管理不善，资金短缺，资源性产品价格偏低，资源管理体制和政策尚不十分健全等，导致资源浪费现象严重，矿产资源每年至少浪费 1 000 万吨以上，水资源的浪费更是数目惊人。因此，中国自然资源的节约潜力很大。节约使用资源不仅有利于资源保护，而且具有投资少、周期短、见效快等特点。

当然，一方面要注意节约使用资源，另一方面也要注意资源的开源与节流相结合。资源的开源和节流是互为依存的，开源是节流的前提，节流是开源的继续，应根据不同资源不同条件确定其侧重点。对于某一现实的农业生态系统，开源的途径是多方面的，通过资源引进、低值资源的利用、替代资源的开发、废物资源化等途径，从而拓展系统的资源流通量，提高农业生态系统的功能。

据测算，现在栽培植物的光能利用率全世界平均不到 0.1%，普通大田作物的光能利用率为 1% ~2%，理论光能利用率可接近 5%，在实验室中甚至可达 10% ~12%，植物光能利用的发展潜力巨大。此外，遗传工程、生物固氮等现代生物学研究的进展，电子技术、核技术等在农业上的广泛应用等，也已为农业自然资源的进一步开发利用带来新的前景。

替代资源的开发具有很重要的实际意义，为了使资源替代实现最佳经济效果，可利用边际平衡原理进行分析。利用多种资源生产等量农产品时，为了节省费用、降低成本，用高效（或价格低廉）的资源来替代一部分原有资源，当替代资源的边际费用与换出资源的边际费用相等时，就使相互替换的资源之间的替换率达到了最适度，从而能找出生产等量农产品的成本最低的资源组合。

4. 综合开发、综合利用的原则

这是由资源本身所具有的多宜性决定的，对多宜性资源要进行综合开发，实现资源的多层次、多途径利用，以提高资源的利用效益。例如：水库的主体功能是用于农业灌溉，但在水库中养殖鱼类并不影响其灌溉功能；再结合钓鱼，既能给垂钓者提供乐趣，又能增加系统收益；若综合开发为由旅游、养殖、灌溉、水力发电等项目组成的综合利用系统，则系统的效益更高。由此可见，综合开发、综合利用资源，形成良性循环的多层次、多途径综合生产系统，不仅可充分发掘资源的生产潜力，还能大大提高农业生态系统的效益。

资源的综合开发和综合利用不仅要对资源进行定性分析，以找出资源能提供的多种利用途径，还要对资源进行定量分析，以找出等量资源生产多种农产品的最佳收益组合。这可利用边际平衡原理，即：一定数量的资源分配用于生产多种产品时，当生产出的各种产品的边际收入相等时，系统的生产收益最大。

（二）土地资源的合理利用与保护

1. 土地资源利用现状

地球陆地面积为 1.49 亿多平方千米，占地球表面的 29.2%；各大洲中除南极洲外，面积最大的是亚洲，其次是非洲。

在地球陆地表面，有近 50% 的面积是永久性冻土、干旱沙漠、岩石、高寒地带等难以利用和无法利用的土地，此外尚有相当数量的土地存在各种障碍因素，实际适于人类利用的土地只有 7 000 万 km² 左右。在世界范围内各地可利用土地分布存在很大差异，如果按照不同气候带划分，适于耕种的土地主要分布在热带，约 16 亿 hm²，其余各气候带之和大约为 15 亿 hm^2；远东和欧洲各国 25% 以上土地是可耕种的，而大洋洲（澳大利亚、新西兰和太平洋岛屿）可耕种只占其土地面积的 5.5% 左右，南美洲也仅为其土地面积的 6.2%。但是，可作为牧场的草原占其土地面积的比例，大洋洲最多，为 54.8%，北美洲为 13.7%，远东为 15.3%。森林面积占各洲土地面积的比例南美洲约为 46.4%，大洋洲为 10.2%。目前，全世界有荒地面积约为 50 亿 hm^2，主要分布在非洲和美洲，亚洲的土地开发利用率远较其他各洲高。

20 世纪 60 年代以来，世界人口的急剧增长给土地资源造成愈来愈大的压力，地球的土地资源究竟能否承载这样庞大的人口数量，已成为大多数人关心的问题。目前，我国土地资源利用的主要问题有：土地质量退化、水土流失严重、土地沙化加剧、土壤次生盐碱化和潜育化、非农业占地导致耕地面积减少。

围垦沼泽和滩涂，尽管得到了某些眼前利益，但破坏了湿地生态系统，使许多水禽和鱼类减少，甚至灭绝。沿海滩涂是近岸水产食物链的一个重要环节，它为鱼类和甲壳类动物提供有高度生产性的产卵地、养殖地和喂养地，世界全部鱼类捕获量的 2/3 是在潮汐带孵化的。

2. 土地资源利用与保护途径

针对这种情况，土地资源利用与保护的途径主要有以下几个方面：

（1）加强土地资源管理

首先，要严格执行基本农田保护制度，通过法律措施加强对现有耕地的保护；其次，严格控制耕地占用，特别是企业建设、住房建设用地，应尽量使用非耕地或低质量耕地以保证耕地数量的稳定和质量的提高；第三，要加强土地管理与整治工作，搞好土地资源的调整和规划，为合理利用和保护土地资源提供依据。

（2）因地制宜利用土地

利用土地资源要注意因地制宜，要根据土地资源状况调整用地结构，充分发挥各类土地资源的生产能力，宜农则农、宜林则林、宜牧则牧、宜渔则渔。对于山区林地，25°以上的坡地禁止开垦，已有的耕地要限期退耕还林、还草；25°以下的坡耕地要限期实施坡改梯，以减轻水土流失。洪灾频繁的湖区耕地，应有计划地平垸蓄洪、退耕还湖，保护生态环境，以利土地资源的持续利用。

（3）加强土地资源的综合治理

耕地实行用地与养地相结合，建立用地与养地相结合的轮作制度，增施有机肥，提高土壤肥力，改良土壤结构，提高土壤质量。对于次生盐渍化土壤和潜育化土壤，应合理灌溉，加强综合治理，改造中低产田，防止土地资源的退化和破坏。水土流失较严重的地区，应加强绿化，增加植被，采用生物措施和工程措施相结合，减轻水土流失的危害。沙化地区应积极研究沙化地农业生态工程技术，加强综合治理。

（4）加强土地综合利用和立体开发

我国人口多，人均耕地面积少，农业生产的进一步发展，必然依赖于土地的集约经营。因此，加强土地资源的综合利用和立体开发，提高单位面积的产量和产值，是农业生态系统持续稳定发展的基本前提。为此，应合理利用各种农业生态工程技术，建立充分利用空间和资源的立体生产系统，综合运用生态学原理和经济学原理来管理农业生态系统，以提高系统的生产力和生产效率。

（三）生物资源的合理利用与保护

1. 森林资源的利用与保护

我国森林资源利用中存在的问题也较多，这主要表现在：乱砍滥伐现象严重，过量采伐和重采轻造的现象仍较突出；由于护林防灾规章制度和组织不健全，使森林水灾严重，大量森林毁于火灾；由于人口增长，毁林开荒以增加粮食产量，导致了严重的生态后果；重采轻育，使森林资源得不到人工更新。

森林资源的利用与保护途径主要为：大力开展造林绿化，提高森林覆盖率；封山育林，制止乱砍滥伐，加强森林资源管理；有计划地加速边远过熟林区的开发利用；对水源区和用于防风固沙的森林要严加保护，加强森林的更新和抚育，提高速生丰产林面积；开发木材综合利用技术，开发木材的替代材料（如以钢代木、以塑代木、以草代木等），以尽可能减少森林资源的砍伐。

2. 草场资源的利用与保护

在草场资源利用中，我国目前还存在着草场管理不善，滥垦、滥牧、滥采现象仍较严重，大部分草场不同程度地存在超载现象，草场资源退化严重。南方山地及滩涂草地尚有大部分未开发，造成草场资源的极大浪费；北方农区草地大多垦草种粮，造成"开垦—沙化或次生盐渍—撂荒"的恶性循环，严重地破坏了草地资源。草地资源重利用轻建设的现象仍较普遍，草地畜牧业设施简陋，草地经营粗放。家畜良种化程度低。我国草地畜牧业的畜群结构不合理，家畜大多为古老的地方品种，优良品种较少，良种化程度低。

根据草场的具体条件，确定合适的载畜量，及时调整畜群结构，是提高草场资源利用效率的重要措施；建设一定面积的集约化人工草场，实行科学管理，以达到优质高产，推动我国畜牧业生产的发展；严禁对草原滥垦、滥放，加强对草场资源的管理，以防止草场土壤沙化和草场资源退化。

3. 渔业资源的利用与保护

渔业资源利用中存在的问题主要是：随着工农业生产的发展，环境污染也越来越严重，日益严重的水域污染，导致水生生物种类减少，沿海和近海渔业资源遭到严重破坏，优质经济鱼类大幅度减少，幼杂鱼比例过大。渔业发展不平衡，渔业内部结构失调突出。近年来，我国淡水养殖业发展较快，但浅海滩涂开发利用不够，外海水产资源开发利用不充分，水产品保鲜加工基础设施落后，制约了我国渔业进一步发展。

渔业资源的利用与保护途径为：确定科学、合理的捕捞强度，严禁超强度捕捞，坚决制止捕捞经济鱼类的幼苗、滥用破坏渔业资源的渔具和捕鱼方法；大力开展人工养殖和资源增殖；发展远洋渔业；对内陆水域资源，要控制围湖造田，防止环境污染；建立水产资源和水域环境的监测系统，以保护渔业，促进渔业发展。

4. 野生生物资源的利用与保护

野生生物资源具有非常重要的意义：①生物资源是维系生态系统多样性的物质基础。多样化的生态系统、交错的食物网关系、复杂的种间相互作用，都依赖于生物圈的生物多样性。②物种多样性是人类赖以生存和长期延续的前提。现在的农业动物和植物，最初都来自野生生物；现在的野生生物，将来也可能成为农业生物。③遗传多样性为育种工作和遗传工程提供了广阔的前景。野生生物经历了漫长的自然选择，其遗传、变异形成了内容丰富的基因库，人类对农业动植物的改造和育种工作，利用野生生物资源中的某些特异基因，往往能使育种工作取得重大进展；遗传工程的迅速发展，对野生生物的基因利用，将有更加广阔的前景。

野生生物资源的保护措施主要有以下几种：

（1）加强野生生物资源的管理

目前，我国已制定了《中华人民共和国野生动物保护法》《中华人民共和国野生植物保护条例》等法律法规。然而，珍稀野生植物的采集，野生动物的乱捕、滥猎现象仍然十分严重。这一方面需要有关职能部门加强管理，严格执法；另一方面，还要广泛宣传，提高公民的环保意识，使广大公众加强监督，齐抓共管。

（2）野生生物资源的就地保护

目前，建立各种类型的自然保护区，将有价值的自然生态系统和野生生物生境保护起来，已成为有效保护野生生物资源的重要措施。自然保护区的类型有森林生态系统、草地生态系统、荒漠生态系统、内陆湿地和水域生态系统、海洋和海岸带生态系统、野生动物、野生植物、自然遗迹等。

（3）野生生物资源的迁地保护

利用植物园保护野生植物资源，各国均有许多成功的经验。例如，中国植物园保存的高等植物达 23 000 种，为了加强珍稀濒危野生植物的保护，还对濒危林木、果树、观赏植物、药用植物等进行保护性繁育。野生动物的迁地保护主要是通过动物园来进行，我国利用动物园迁地保护的野生动物达 10 万多头，已建成以保护野生动物为目的的濒危动物繁育中心、基地 26 个，濒临灭绝的大熊猫、扬子鳄、东北虎开始复苏。

（4）离体保护种质资源

我国已成为世界上遗传种质资源材料保存最多的国家之一，收集和保存的作物遗传种质资源总量达 35 万份，保存的畜禽地方良种有 398 个，同时新建立了一批具有现代化水平的动物细胞库和动物精子库。把这些离体保护种质资源的设备设施进一步发展，应用到野生生物种质资源的保护，将对我国的遗传工程有着重大意义。

（四）水资源的合理利用与保护

我国水资源存在的问题主要有：水资源相对较少、水资源分布不均匀、水环境恶化、水资源利用效率低。水资源的合理利用与保护途径主要在以下几个方面：

1. 加强水利基础建设

兴修水利包括有计划地修建水库等集水设施，增加蓄水、供水能力；修建规范的排灌系统，提高水资源的利用率；清理维修池塘、坝堰、水渠，提高其灌溉功能；进行大江、大河、湖泊的综合治理，加强江河湖泊的蓄洪、泄洪和灌溉功能。

2. 节约用水

在水资源不足的地区，改进灌溉技术，采用喷灌、滴灌等措施，可节约水资源；改良土壤结构，提高土壤的保水保肥能力，可减少灌溉水的耗用；地膜覆盖、塑料大棚、日光温室等设施设备，不仅能改良农业生物的温度等生态因子，其水分利用率也很高，发展节水农业，减少水资源浪费是农业生态系统发展的一大方向。工业生产和城市居民生产的节水也具有很大的潜力。

3. 水资源的区域调节

我国水资源分布的地带性差异，形成了明显的南方水资源相对过剩，而北方水资源严重不足的状况。我国目前进行的南水北调工程，就是为了解决北方水资源的缺乏状况。远距离的水分区域调节完全是可行的，通过修建引水渠和输水系统，可提高水体的灌溉效率和水体灌溉覆盖度。

4. 加强废水利用

废水利用不仅包括农业灌溉水的回收利用,还包括城市生活污水和其他只含有机污染物的废水的污水灌溉,以及用于污水处理的氧化塘内的种植和养殖。对于含有酸、碱、盐和重金属污染物或其他有毒物质的污水,一般不能直接用于农业灌溉,也不能用于食物生产,以防有毒物质沿食物链进入人体,最终危害人体健康。对于这类废水,可用作生产观赏植物、纤维作物等的灌溉用水,也可做纯观赏用途,或回收用于工业生产。

5. 适度开采地下水

在严重缺水地区,开采地下水用于生活和农业灌溉也是必要的,但地下水的开采应该适度,不能形成过度开采。目前,我国北方各大中城市都存在地下水开采过度的问题,地下水位平均每年下降1m以上。

6. 综合利用水资源

水体的功能是多方面的,包括灌溉、运输、养殖、种植、清洗、溶解、观赏、游乐等,综合利用水资源的方法也多种多样。通过多渠道、多途径、多层次综合利用水资源,提高水资源的生产效率,建立合理的水域生态系统,不仅可提高水域生态系统的经济效益,也有利于水域实现生产自净和良性循环,改善水域生态环境,提高整个系统的功能。

三、农业资源调查与评价

(一)农业资源调查与评价概述

1. 农业资源调查与评价的目的和意义

农业资源调查是指对一个国家、一个地区各种农业资源的种类、特征、数量、质量、分布和潜力及其开发利用现状、存在问题,进行的全面综合的调查。而农业资源评价则是在资源调查基础上,针对资源数量的有限性和质量、分布及其结构功能的差异性,结合发展生产的要求,对各种资源在利用中可能发生或已发生的作用和效益予以科学的计量与评价,提出资源合理开发利用的方向和方式。

农业资源调查评价的基本目的在于查清农业资源的数量、质量、分布利用状况及其生产潜力,协调人与自然、人与资源的关系,保持和增强农业生产中生物系统为人类需要提供资源的能力,以提高资源生产力和生产率,促进农业扩大再生产,使生产的发展与环境协调,取得最佳的综合效益。

通过农业资源调查,首先,可以为研究农业结构和布局奠定基础,要构建一个合理的结构和布局,对农业资源进行综合评价是一项必不可少的基础工作;其次,可为科学划分农业区域提供可靠依据，农业生产地域差异性强，不同地区的生产力水平、自然资源和经济条件不同，农业资源调查与评价能揭示农业生产的地域分异规律；第三，可以为农业资源的合理开发和农业区域规划提供科学依据。

2. 农业资源调查评价的原则

根据农业资源调查与评价的目的，结合农业生产特点，在农业资源调查与评价中必须遵循下列原则：

第一，着眼长远，立足当前，实行长远与当前结合，为农业生产服务。既要从我国当前农业的实际情况和特点出发，依据实现农业可持续发展的具体要求，查明资源及其潜力，探明地区的资源优势和生态规律，为制订农业区域规划和开发整治的最优方案提供依据；也要考虑在市场经济条件下自然生态系统变化和经济周期速度快的特点，使评价工作不断向深度和广度发展。

第二，运用生态效益、经济效益和社会效益相结合的原则，进行综合效益分析、评价。农业资源调查与评价工作既要依据自然生态规律要求，查明和分析各部门与农作物在一定自然条件下的适宜性和技术可能性，又要在此基础上根据社会经济规律要求，分析论证其经济合理性和可行性，以期在保证生态效益的前提下，取得最大的社会经济效益。

第三，要深入分析主导因素和限制因素，进行全面系统的评价。各种农业资源在农业生产中是一个有机的整体，但由于各种资源条件对不同作物与生产部门的意义、作用和适宜程度各不相同，因而不能把所有因素放在同等重要的地位，而必须着力于主导因素和限制因素的调查与评价。所谓主导因素，就是在很大程度上决定某一生产门类的发展是否适宜，是否合理可行的因素，它可以是单项因素，也可以是部分自然因素的结合。

第四，依据农业地域差异，因地制宜、扬长避短、发挥区域优势的原则，评价资源的质量等级及其合理利用的方向和途径。农业资源是形成农业生产地域性的基本因素，在社会、经济技术条件大体相同的情况下，条件的差异常成为决定农业生产结构和地区布局的决定因素。因此，农业资源评价要着重于发挥当地资源优势，突出地域生态条件的特征和主导因素，分析确定各种资源的开发利用方向，为因地制宜地利用改造自然和指导农业生产提供依据。

3. 农业资源评价与调查的内容

农业资源调查与评价的基本内容，一般应包括以下几个方面：第一，摸清资源"家底"，查明资源的种类、分布、数量、质量特征和潜力；第二，评价各种资源条件与农业生产的关系，探索农业生态规律及各种资源条件对农业生产的适宜性和限制性；第三，综合分析各种资源条件在地域上的不同组合及其对农业生产的有利和不利影响；第四，探讨各地区合理开发、利用、改造和保护自然资源的方向、方式和途径及其生态效益和社会经济效益。

由于农业资源种类繁多，不同农业资源调查与评价内容也各不相同，因而农业资源调查与评价的具体内容很多。调查与评价工作要围绕农业生产发展和人类生活需要，侧重于那些有重大影响而较为稀缺的自然资源，主要是土地资源、气候资源、水资源、生物资源等，而数量巨大不易匮乏的农业资源，则可以不作为重点。

（二）农业资源的评价

农业资源利用效率评价是资源科学研究的重要内容。农业资源利用效率研究不仅可以促进资源科学综合研究，丰富资源科学理论，而且有利于保障粮食安全、改善生态环境、提高粮食产量，因此，农业资源利用效率研究具有很强的理论和现实意义。

1. 农业资源评价方法

目前，国内外许多学者将经济学、社会学、生态学、数学等学科的理论和方法与农业生产实践相结合，在计算机等现代分析手段的辅助下，对如何更好地评价农业资源利用效率进行不断的探索。我国农业资源具有绝对量大、相对量小的特点，特别是耕地资源紧张，水资源匮乏，构成了农业持续发展的重要限制因素。粮食生产过程中不当的资源利用方式非但没有达到稳产高产的目的，反而给环境带来了很大的负效应。如何对有限的农业资源进行内涵挖潜，提高资源利用效率，协调粮食生产过程中生态效益、经济效益与社会效益三者间的关系，实现农业资源的高效持续利用，是一个具有理论和实践意义的课题。

（1）比值分析法

可以利用比值分析法直接求算资源利用效率，还可以通过计算资源消耗系数来间接求算资源利用效率。消耗系数越大，资源的利用效率就越低。

（2）能量效率分析的评价方法

农业资源利用效率评价指标体系中除包括水、土、气、生等单项资源利用效率评价指标外，还包括物质、能量转化效率等一些综合性指标。能量效率分析就是要研究系统的能量流，从能量利用转化的角度进行效率分析。在研究能量流的过程中，利用能量折算系数把各种性质和来源不同的实际投入、产出物质转换成能流量，通过计算机和统计分析确定系统内各成分间各种能流的实际流量。

对于农业生产系统，主要是研究其辅助能量投入、产出以及转化率的大小，包括生物辅助能、工业辅助能、人工辅助能、产出能等。目前，能流分析方法有统计分析法、输入输出分析法、过程分析法三种。以输入输出法为例，首先测定输入输出实际的流量，利用能量折算系数统一量纲；在此基础上，进行能量效率分析，分别计算各种辅助能的能量利用效率（总产出能/各辅助能投入）、太阳能利用率（系统能量总产出/系统太阳能输入）、总的能量利用效率（总产出能/总投入能）以及能量投入边际产出等。还可以利用统计的方法，对各辅助能投入与能量总产出之间进行回归分析，寻找农业生产中的限制性因子。应用灰色系统理论的关联分析方法对影响能量总产出的各项投入因子的重要性进行量化分析，寻找较能影响系统产出的因素，计算各种能量的投入比例，分析系统的能量投入结构，以反映能量投入效果，确定能量投入是否合理。

（3）因子—能量评价模型

因子—能量评价模型是基于能量分析，以能量作为评价媒介，采用能量的形式，将诸多功能、性质、量纲等都不一致的因子置于统一的衡量指标下。不同于能量效率分析的是，它以能量运动转化的衰减过程为评价主线，不仅是对辅助能的评价，而且更多的是对自然资源利用效率的评价，评价过程也具有更好的层次性。因子—能量评价模型将农作物产量形成过程划分为若干环节，每个环节加入一个资源因子，对应一个理论产量，随着环节的深入，影响因子逐渐增多，理论产量呈衰减趋势，通过建立因子间相互关系来寻找限制性资源因子及其定量制约程度。因子对生产过程的影响主要通过以下几个方面体现：因子—能量损失量（相邻理论产量的差值）、因子—能量衰减率（差值与上一级理论产量的比值）、资源组合利用效率（实际产量与各级理论产量的比值）。

（4）能值评价方法

能值是由著名生态学家奥德姆创造的一个新词，其定义为：一种流动或储存的能量所包含的另一种能量的数量，称为该能量的能值。在实际应用中通常以太阳能值为标准来衡量其他各类能量的能值，即一定数量某种类型的能量中所包含的太阳能的数量。将单位数量（1J、1kg 等）的能量或物质所包含的太阳能值称为"太阳能值转换率"。能值的提出是系统能量分析在理论和方法上的一个重大飞跃，借助太阳能值转换率，生态系统的能量流、物质流和货币流等，均可换算为统一的能值。因此，系统研究包含了自然和经济资源，而且这些作用流可以直接加减和相互比较，从而实现了系统生态分析和经济分析的有机统一。

（5）包络分析法

包络分析法主要采用数学规划方法，利用观察到的有效样本数据对决策单元进行生产有效性评价。DEA 法用一组输入、输出数据来估计相对有效生产前沿面，这一前沿能够很方便地找到，生产单位的效率度量是该单位与确定前沿相比较的结果。应用 DEA 法可以进行农业资源相对生产效率评价及农业技术效率评价。

（6）指标体系评价方法

为评价目标建立评价指标体系是较基础而常用的方法，在农业资源利用效率研究中建立评价指标体系，根本目的在于通过制定适当的度量指标，并依据指标间的前后、左右关系，形成有序而全面的评价指标系统，用以定量反映和衡量农业资源利用的有效性状况，识别和诊断不同地区、不同类型和不同模式农业生产和再生产过程中的限制性因素及其制约程度，勾绘出农业发展的资源利用基本轮廓。

2. 农业资源调查与评价的程序

（1）有步骤地安排工作程序

农业资源调查与评价工作一般应按照先调查后评价的顺序进行，但二者在实践中不是截然分开的，通常是结合进行的。首先，要根据农业部门或作物对光、热、水、土等有关自然条件的要求，对一定地区的自然条件进行分析，评定其分布、数量、质量特征，以及对生产发展与布局的适应性和保证程度，并评价这些条件在地域上的组合和作用；其次，在综合分析基础上，区分主次因素，深入分析主导因素及其对生产发展的作用，按主导因素的数量、质量指标及主导因素同各项次要因素的联系特征，把评价地区划分为不同等级的自然条件评价类型地区；最后，按类型地区逐一论证其合理开发利用的可能方式、方向及综合经济效果。

（2）选择具体的调查与评价方法

农业资源调查的形式很多：按调查所涉及学科分为综合调查和专题调查，按调查包括的范围可以分为全国、大区、流域、省、地（市）、县、场等，按时间分为一次性调查和经常性调查，按不同特点又分为普查、重点调查、典型调查，按调查方法可分为地面常规调查和遥感调查。针对农业资源调查的不同目标，应有选择地采用不同的调查方法。

（3）设计适当的指标系统

在农业资源调查与评价中，无论采用哪种方法，都要对各地区各种自然资源的适宜性和保证程度进行切实的分析评价，还必须根据评价项目的具体要求，因地制宜制定一系列的指标体系，以作为自然、经济、技术评价的尺度。定性分析只能从适宜性和合理性程度上反映分析等级尺度，主要用于概查和初期评价。如对土地质量的适宜性、限制性评价，其级间差异只是用"适宜""不适宜""高度适宜""中度适宜""勉强适宜""有条件适宜""当时不适宜""永久不适宜"等定性指标来表示相对的等级差别。当进入详查阶段后，只进行定性分析已不能满足评价要求，还要进行定量分析。这就要求制定定量指标，如反映土地特性和质量的自然属性指标：浊度、雨量、土壤质地、土壤水分有效性、抗侵蚀性、作物产量、树种年增长量等。

第二节 农业环境修复

一、污染物的土壤修复

土壤修复是指利用物理、化学和生物的方法转移、吸收、降解和转化土壤中的污染物，使其浓度降低到可接受水平，或将有毒有害的污染物转化为无害的物质。从根本上说，污染土壤修复的技术原理可包括为：①改变污染物在土壤中的存在形态或同土壤的结合方式，降低其在环境中的可迁移性与生物可利用性；②降低土壤中有害物质的浓度。对于目前国内土壤污染的具体情况，并没有明确的官方数据。分析认为，目前我国的土壤污染尤其是土壤重金属污染有进一步加重的趋势，不管是从污染程度还是从污染范围来看均是如此。据此估计，目前我国已有六分之一的农地受到重金属污染，而我国作为人口密度非常高的国家，土壤中的污染对人的健康影响非常大，土壤污染问题也已逐步受到重视。

（一）污水土地处理系统

污水土地处理系统是利用土地以及其中的微生物和植物根系对污染物的净化能力来处理污水或废水，同时利用其中的水分和肥分促进农作物、牧草或树木生长的工程设施。处理方式分为以下三种：

1. 地表漫流

用喷洒或其他方式将废水有控制地排放到土地上。土地的水力负荷每年为 1.5~7.5m。适于地表漫流的土壤为透水性差的黏土和黏质土壤。地表漫流处理场的土地应平坦并有均匀而适宜的坡度（2%~6%），使污水能顺坡度成片地流动。地面上通常播种青草以供微生物栖息和防止土壤被冲刷流失。污水顺坡流下，一部分渗入土壤中，有少量蒸发掉，其余流入汇集沟。污水在流动过程中，悬浮固体被滤掉，有机物被草上和土壤表层中的微生物氧化降解。这种方法主要用于处理高浓度的有机废水，如罐头厂的废水和城市污水。

2. 灌溉

通过喷洒或自流将污水有控制地排放到土地上以促进植物的生长。污水被植物摄取，并被蒸发和渗滤。灌溉负荷量每年为 0.3~1.5m。灌溉方法取决于土壤的类型、作物的种类、气候和地理条件。通用的方法有喷灌、漫灌和垄沟灌溉。

（1）喷灌

采用由泵、干渠、支渠、升降器、喷水器等组成的喷洒系统将污水喷洒在土地上。这种灌溉方法适用于各种地形的土地，布水均匀，水损耗垄沟灌溉少，但是费用昂贵，而且对水质要求较严，必须是经过二级处理的。

（2）漫灌

土地间歇地被一定深度的污水淹没，水深取决于作物和土壤的类型。漫灌的土地要求平坦或比较平坦，以使地面的水深保持均匀，地上的作物必须能够经受得住周期性的淹没。

（3）垄沟灌溉

靠重力流来完成。采用这种灌溉方式的土地必须相当平坦。将土地犁成交替排列的垄和沟。污水流入沟中并渗入土壤，垄上种植作物。垄和沟的宽度和深度取决于排放的污水量、土壤的类型和作物的种类。

上述三种灌溉方式都是间歇性的，可使土壤中充满空气，以便对污水中的污染物进行需氧生物降解。

3. 渗滤

这种方法类似间歇性的砂滤，水力负荷每年为 3.3 ~ 150m。废水大部分进入地下水，小部分被蒸发掉。渗水池一般是间歇地接受废水，以保持高渗透率。适于渗滤的土壤通常为粗砂、壤土砂或砂壤土。渗滤法是补充地下水的处理方法，并不利用废水中的肥料，这是与灌溉法不同的。

（二）影响污染土壤修复的主要因子

1. 污染物的性质

污染物在土壤中常以多种形态贮存，不同的化学形态有效性不同。此外，污染的方式（单一污染或复合污染）、污染物浓度的高低也是影响修复效果的重要因素。有机污染物的结构不同，其在土壤中的降解差异也较大。

2. 环境因子

了解和掌握土壤的水分、营养等供给状况，拟订合适的施肥、灌水、通气等管理方案，补充微生物和植物在对污染物修复过程中的养分和水分消耗，可提高生物修复的效率。一般来说，土壤盐度、酸碱度和氧化还原条件与生物可利用性及生物活性有密切关系，也是影响污染土壤修复效率的重要环境条件。

对有机污染土壤进行修复时，添加外源营养物可加速微生物对有机污染物的降解。对 PAHs 污染土壤的微生物修复研究表明，当调控 C：N：P 为 120：10：1 时，降解效果最佳。此外，采用生物通风、土壤真空抽取及加入 H_2O_2 等方法对修复土壤添加电子受体，可明显改善微生物对污染物的降解速度与程度。此外，即使是同一种生物通风系统，也应根据被修复场地的具体情况而进行设计。

3. 生物体本身

微生物的种类和活性直接影响修复的效果。由于微生物的生物体很小，吸收的金属量较少，难以后续处理，限制了利用微生物进行大面积现场修复的应用。因此，在选择修复技术时，应根据污染物的性质、土壤条件、污染的程度、预期的修复目标、时间限制、成本、修复技术的适用范围等因素加以综合考虑。微生物虽具有可适应特殊污染场地环境的特点，但土著微生物一般存在生长速度慢、代谢活性不高的弱点。在污染区域中接种特异性微生物并形成生长优势，可促进微生物对污染物的降解。

（三）土地处理系统的减污机制

土地处理系统大多数污染物的去除主要发生在地表下 30～50cm 处具有良好结构的土层中，该层土壤、植物、微生物等相互作用，从土表层到土壤内部形成了好氧、缺氧和厌氧的多项系统，有助于各种污染物质在不同的环境中发生作用，最终达到去除或削减污染物的目的。

1. 病原微生物的去除

废水中的病原微生物进入土壤，便面临竞争环境，例如遇到由其他微生物产生的抗生物质和较大微生物的捕食等。在表层土壤中竞争尤其剧烈，这里氧气充足，需氧微生物活跃，在其氧化降解过程中要捕食病原菌、病毒。一般地说，病原菌和病毒在肥沃土壤中以及在干燥和富氧的条件下，比在贫瘠土壤中以及在潮湿和缺氧的条件下，生存期短，残留率小。废水经过 1m 至几米厚的土壤过滤，其中的细菌和病毒几乎可以全部去除掉，仅在地表上层 1cm 的土壤中微生物的去除率就高达 92%～97%。

2. BOD 的去除

废水中的 BOD（生化需氧量）大部分是在 10～15cm 厚的表层土中去除的。BOD、COD（化学需氧量）和 TOC（总有机碳）的物理（过滤）去除率为 30%～40%。废水中的大多数有机物都能被土壤中的需氧微生物氧化降解，但所需的时间相差很大，从几分钟（如葡萄糖）到数百年（如称为腐殖土的络合聚结体）。废水中的单糖、淀粉、半纤维、纤维、蛋白质等有机物在土壤中分解较快，而木质素、蜡、单宁、角质和脂肪等有机物则分解缓慢。如果水力负荷或 BOD 负荷超过了土壤的处理能力，这些难分解的有机化合物便会积累下来，使土壤孔隙堵塞，发生厌氧过程。如发生这种情况，应减少灌溉负荷，使土壤表层恢复富氧的状况，逐渐将积累的污泥和多糖氧化降解掉。在厌氧过程中形成的硫化亚铁沉淀，也会被氧化成溶解性的硫酸铁，从而使堵塞得到消除。

3. 磷和氮的去除

在废水中以正磷酸盐形式存在的磷，通过同土壤中的钙、铝、铁等离子发生沉淀反应，被铁、铝氧化物吸附和农作物吸收而有效地除去。因此，废水土地处理系统的地下水或地下排水系统的水中含磷浓度一般为 0.01～0.1mg/L。磷在酸性条件下生成磷酸铝和磷酸铁沉淀，而在碱性条件下则主要生成磷酸钙或羟基磷灰石沉淀。除了纯砂土以外，大多数土壤中的磷在 0.3～0.6m 厚的上层便几乎被全部除去。

废水中的氮在土地上有四种形式：有机氮、氨氮、亚硝酸盐氮和硝酸盐氮。亚硝酸盐氮在氧气存在的条件下易被氧化为硝酸盐氮。土地上的氮不管呈何种形态，如不挥发，最后都会矿化为硝酸盐氮。硝酸盐氮可通过作物的根部吸收和反硝化（脱硝）作用去除，在深入到根区以下的土层中，由于缺氧条件，部分硝态氮（10%～80%）发生脱硝反应；最后总有一部分硝态氮进入地下水中。

4. 有机毒物的去除

二级处理出水中含的微量有机毒物，如卤代烃类、多氯联苯、酚化物以及有机氯、有机磷和有机汞农药等。它们的浓度一般远低于 1μg/L，在土壤中通过土壤胶体吸附、植物摄取、微生物降解、化学破坏挥发等途径而被有效地去除。

5. 微量金属的去除

一般认为黏土矿、铁、铝和锰的水合氧化物这四种土壤组分以及有机物和生物是控制土壤溶液中微量金属的重要因素。它们去除微量金属的方式有：①层状硅酸盐以表面吸附或以形成表面络合离子穿入晶格和离子交换等方式吸附；②不溶性铁、铝和锰的水合氧化物对金属离子的吸附；③有机物如腐殖酸对镉、汞等重金属的吸附；④形成金属氧化物或氢氧化物沉淀；⑤植物的摄取和固定。微量重金属的去除以吸附作用为主，常量重金属的去除往往以沉淀作用为主。

在废水所含的金属中，镉、锌、镍和铜在作物中的浓缩系数最高，因而对作物以及通过食物链对动物和人的危害也最大。

（四）应用前景

污水土地处理系统作为一项技术可靠、经济合理、管理运行方便且具有显著的生态、社会效益的新兴的生态处理技术之一，具有无限的发展潜力。

土地处理系统在应用中主要是土地的占用，这在我国广大地区都具有很强的适用性。虽然我国土地资源十分紧缺，但在一些不发达地区，如西北等地区地广人稀，闲置了一些土地、荒山，在较发达地区也有废弃河道和部分闲置的开发区，这为土地处理系统提供了廉价土地资源。在农村和中小城镇，可以利用其拥有低廉土地的优势，建造土地处理系统，不仅可以净化污水，还可以与农业利用相结合，利用水肥资源，将水浇灌绿地、农田，使土壤肥力增加，提高农作物产量，从而带来更多经济效益，同时保护了农村生态系统；在城市，根据其污水水量大，成分复杂，但其市政经济承受能力强的特点，土地处理系统可因地制宜地选用各类型系统，强化人工调控措施，不仅能取得满意的污水处理效果，还可以美化城市自然景观，改善城市生态环境质量。土地处理系统的经济性使其比在其他发达国家更适合我国目前的经济发展水平，与其他处理工艺相比，土地处理系统技术含量较低，这在我国污水处理技术正处于研发和逐渐成熟的现阶段具有广泛的应用前景。以其作为污水处理技术，不仅效果好，而且可以解决我国目前净水工艺存在的主要问题，减少氮、磷的排放量，减缓我国水体富营养化的趋势。加强土地处理系统的理论研究和技术工艺开发，加大力度推行并实施污水土地处理技术，将是解决我国水污染严重和水资源短缺的有效途径。

二、污染物的植物修复

土壤作为环境的重要组成部分，不仅为人类生存提供所需的各种营养物质，而且还承担着环境中大约90%来自各方面的污染物。随着人类进步、科学发展，人类改造自然的规模空前扩大，一些含重金属污水灌溉农田、污泥的农业利用、肥料的施用以及矿区飘尘的沉降，都是可以使重金属在土壤中积累明显高于土壤环境背景值，致使土壤环境质量下降和生态恶化。由于土壤是人类赖以生存发展所必需的生产资料，也是人类社会最基本、最重要、最不可替代的自然资源，因此，土壤中金属（尤其是重金属）污染与治理成为世界各国环境科学工作者竞相研究的难点和热点。

（一）重金属进入土壤系统的原因

具体地说重金属污染物可以通过大气、污水、固体废弃物、农用物资等途径进入土壤。

1. 从大气中进入

大气中的重金属主要来源于能源、运输、冶金和建筑材料生产产生的气体和粉尘。例如煤含 Ce、Cr、Pb、Hg、Ti、As 等金属，石油中含有大量的 Hg。它们都可随物质燃烧大量地排放到空气中；而随着含 Pb 汽油大量地被使用，汽车排放的尾气中含 Pb 量多达 20～50μg/L。这些重金属除 Hg 以外，基本上是以气溶胶的形态进入大气，经过自然沉降和降水进入土壤。

2. 从污水进入

污水按来源可分为生活污水、工业废水、被污染的雨水等。生活污水中重金属含量较少，但是随着工业废水的灌溉进入土壤的 Hg、Cd、Pb、Cr 等重金属却是逐年增加的。

3. 从固体废弃物中进入

从固体废弃物中进入土壤的重金属也很多。固体废弃物种类繁多，成分复杂，不同种类其危害方式和污染程度不同。其中矿业和工业固体废弃物污染最为严重。化肥和地膜是重要的农用物资，但长期不合理施用，也可以导致土壤重金属污染。个别农药在其组成中含有 Hg、As、Cu、Zn 等金属。磷肥中含较多的重金属，其中 Cd、As 元素含量尤为高，长期使用造成土壤的严重污染。

随着工业、农业、矿产业等迅速发展，土壤重金属污染也日益加重，已远远超过土壤的自净能力。防治土壤重金属污染，保护有限的土壤资源，已成为突出的环境问题，引起了众多环境工作者的关注。

（二）土壤重金属污染的植物修复技术

植物修复技术是以植物忍耐和超量积累某种或某些化学元素的理论为基础，利用植物及其共存微生物体系清除环境中的污染物的一门环境污染治理技术。目前，国内外对植物修复技术的基础理论研究和推广应用大多限于重金属元素。狭义的植物修复技术也主要指利用植物清洁污染土壤中的重金属。植物对重金属污染位点的修复有三种方式：植物固定、植物挥发和植物吸收。植物通过这三种方式去除环境中的金属离子。

1. 植物固定

植物固定是利用植物及一些添加物质使环境中的金属流动性降低，生物可利用性下降，使金属对生物的毒性降低。通过研究植物对环境中土壤铅的固定，发现一些植物可降低铅的生物可利用性，缓解铅对环境中生物的毒害作用。然而植物固定并没有将环境中的重金属离子去除，只是暂时将其固定，使其对环境中的生物不产生毒害作用，没有彻底解决环境中的重金属污染问题。如果环境条件发生变化，金属的生物可利用性可能又会发生改变。因此，植物固定不是一个很理想的去除环境中重金属的方法。

2. 植物挥发

植物挥发是利用植物去除环境中的一些挥发性污染物，即植物将污染物吸收到体内后又将其转化为气态物质，释放到大气中。有人研究了利用植物挥发去除环境中的汞，即将细菌体内的汞还原酶基因转入芥子科植物中，使这一基因在该植物体内表达，将植物从环境中吸收的汞还原为单质，使其成为气体而挥发。另有研究表明，利用植物也可将环境中的硒转化为气态形式（二甲基硒和二甲基二硒）。由于这一方法只适用于挥发性污染物，应用范围很小，并且将污染物转移到大气中对人类和生物有一定的风险，因此，它的应用将受到限制。

3. 植物吸收

植物吸收是目前研究最多并且最有发展前景的一种利用植物去除环境中重金属的方法，它是利用能耐受并能积累金属的植物吸收环境中的金属离子，将它们输送并储存在植物体的地上部分。植物吸收需要能耐受且能积累重金属的植物，因此，研究不同植物对金属离子的吸收特性，筛选出超量积累植物是研究的关键。能用于植物修复的植物应具有以下几个特性：①即使在污染物浓度较低时也有较高的积累速率；②生长快，生物量大；③能同时积累几种金属；④能在体内积累高浓度的污染物；⑤具有抗虫抗病能力。经过不断的实验室研究及野外试验，人们已经找到了一些能吸收不同金属的植物种类及改进植物吸收性能的方法，并逐步向商业化发展。

例如，羊齿类铁角蕨属对土壤镉的吸收能力很强，吸收率可达10%。香蒲植物、绿肥植物如无叶紫花苕子对铅、锌具有强的忍耐和吸收能力，可以用于净化铅锌矿废水污染的土壤。田间试验也证明印度芥菜有很强的吸收和积累污染土壤中 Pb、Cr、Cd、Ni 的能力。一些禾本科植物如燕麦和大麦耐 Cu、Cd、Zn 的能力强，且大麦与印度芥菜具有同等清除污染土壤中 Zn 的能力。研究人员发现，经基因工程改良过的烟草和拟南芥菜能把 Hg^{2+} 变为低毒的单质 Hg 挥发掉。另外，柳树和白杨也可作为一种非常好的重金属污染土壤的植物修复材料。

利用丛枝菌根（AM）真菌辅助植物修复土壤重金属污染的研究也有很多。菌根能促进植物对矿质营养的吸收、提高植物的抗逆性、增强植物抗重金属毒害的能力。一般认为，在重金属污染条件下，AM 真菌侵染降低植物体内（尤其是地上部）重金属浓度，有利于植物生长。在中等 Zn 污染条件下，AM 真菌能降低植物地上部 Zn 浓度，增加植物产量，从而对植物起到保护作用。也有报道 AM 真菌可同时提高植物的生物量和体内重金属浓度。在含盐的湿地中植被对重金属的吸收和积累也起着重要的作用，丛枝菌根真菌能够增加含盐的湿地中植被根部的 Cd、Cu 吸收和累积。并且丛枝菌根真菌具有较高的抵抗和减轻金属对植被胁迫的能力，对在含盐湿地上宿主植物中的金属离子沉积起了很大作用。在 As 污染条件下，AM 真菌同时提高蜈蚣草地上部的生物量和 As 浓度，从而显著增加了蜈蚣草对 As 的提取量，说明 AM 真菌可以促进 As 从蜈蚣草的根部向地上部转运。AM 真菌对重金属复合污染的土壤也有明显的作用。通过研究 AM 真菌对玉米吸收 Cd、Zn、Cu、Mn、Pb 的影响，发现其降低了根中的 Cu 浓度，而增加了地上部 Cu 浓度；增加了玉米地上部 Zn 浓度和根中 Pb 的浓度，而对 Cd 没有显著影响，说明 AM 真菌可促进 Cu、Zn 向地上部的转运。

（三）植物吸附重金属的机制

根对污染物的吸收可以分为离子的被动吸收和主动吸收。离子的被动吸收包括扩散、离子交换和蒸腾作用等，无须耗费代谢能。离子的主动吸收可以逆梯度进行，这时必须由呼吸作用供给能量。一般对非超积累植物来说，非复合态的自由离子是吸收的主要形态，在细胞原生质体中，金属离子由于通过与有机酸、植物螯合肽的结合，其自由离子的浓度很低，所以无须主动运输系统参与离子的吸收。但是有些离子如锌可能有载体调节运输。特别是超富集植物，即使在外界重金属浓度很低时，其体内重金属的含量仍比普通植物高 10 倍甚至上百倍。进入植物体内的重金属元素对植物是一种胁迫因素，即使是超富集植物，对重金属毒害也有耐受阈值。

耐性指植物体内具有某些特定的生理机制，使植物能生存于高含量的重金属环境中而不受到损害，此时植物体内具有较高浓度的重金属。一般耐性特性的获得有两个基本途径：一是金属的排斥性，即重金属被植物吸收后又被排出体外，或者重金属在植物体内的运输受到阻碍；二是金属富集，但可自身解毒，即重金属在植物体内以不具有生物活性的解毒形式存在，如结合到细胞壁上、离子主动运输进入液泡、与有机酸或某些蛋白质的络合等。针对植物萃取修复污染土壤，要求的植物显然应该具有富集解毒能力。据目前人们对耐性植株和超富集植株的研究，植物富集解毒机制可能有以下几个方面：

1. 细胞壁作用机制

研究人员发现耐重金属植物要比非耐重金属植物的细胞壁具有更优先键合金属的能力，这种能力对抑制金属离子进入植物根部敏感部位起保护作用。如蹄盖蕨属所吸收的 Cu、Zn、Cd 总量中大约有 70% ~ 90% 位于细胞壁，大部分以离子形式存在或结合到细胞壁结构物质，如纤维素、木质素上。因此，根部细胞壁可视为重要的金属离子贮存场所。金属离子被局限于细胞壁，从而不能进入细胞质影响细胞内的代谢活动。但当重金属与细胞壁结合达饱和时，多余的金属离子就会进入细胞质。

2. 重金属进入细胞质机制

许多观察表明，重金属确实能进入忍耐型植物的共质体。用离心的方法研究 Ni 超量积累植物组织中 Ni 的分布，结果显示有 72% 的 Ni 分布在液泡中。利用电子探针也观察到锌超量积累植物根中的 Zn 大部分分布在液泡中。因此，液泡可能是超富集植物重金属离子贮存的主要场所。

3. 向地上部运输

有些植物吸收的重金属离子很容易装载进木质部，在木质部中，金属元素与有机酸复合将有利于元素向地上部运输。有人观察到 Ni 超富集植物中的组氨酸在 Ni 的吸收和积累中具有重要作用，非积累植物如果在外界供应组氨酸时也可以促进其根系 Ni 向地上部运输。柠檬酸盐可能是 Ni 运输的主要形态，利用 X 射线吸收光谱（XAS）研究也表明，在 Zn 超富集植物中的根中 Zn 70% 分布在原生质中，主要与组氨酸络合，在木质部汁液中 Zn 主要以水合阳离子形态运输，其余是柠檬酸络合态。

4. 重金属与各种有机化合物络合机制

重金属与各种有机化合物络合后，能降低自由离子的活度系数，减少其毒害。有机化合物在植物耐重金属毒害中的作用已有许多报道，Ni 超富集植物比非超富集植物具有更高浓度的有机酸，硫代葡萄糖苷与 Zn 超富集植物的耐锌毒能力有关。

5. 酶适应机制

耐性种具有酶活性保护的机制，使耐性品种或植株当遭受重金属干扰时能维持正常的代谢过程。研究表明，在受重金属毒害时，耐性品种的硝酸还原酶、异柠檬酸酶被激活，特别是硝酸还原酶的变化更为显著，而耐性差的品种这些酶类完全被抑制。

6. 植物螯合肽的解毒作用

植物螯合肽（PC）是一种富含 SH 的多肽，在重金属或热激等措施诱导下植物体内能大量形成植物螯合肽，通过 SH 与重金属的络合从而避免重金属以自由离子的形式在细胞内循环，减少了重金属对细胞的伤害。研究表明，GSH 或 PCs 的水平决定了植物对 Cd 的累积和对 Cd 的抗性。PCs 对植物抗 Cd 的能力随着 PC 生成量的增加、PC 链的延长而增加。

（四）影响植物富集重金属的因素

1. 根际环境对氧化还原电位的影响

旱作植物由于根系呼吸、根系分泌物的微生物耗氧分解，根系分泌物中含有酚类等还原性物质，根际氧化还原电位（E_h）一般低于土体。该性质对重金属特别是变价金属元素的形态转化和毒性具有重要影响。如 Cr（Ⅵ），化学活性大，毒性强，被土壤直接吸附的作用很弱，是造成地下水污染的主要物质，Cr（Ⅲ）一般毒性较弱，因而在一般的土壤—水系统中，六价铬还原为三价铬后被吸附或生成氢氧化铬沉淀被认为是六价铬从水溶液中去除的重要途径。在铬污染的现场治理中往往以此原理添加厩肥或硫化亚铁等还原物质以提高土壤的有效还原容量，但农田栽种作物后，该措施是否还能达到预期效果还需要分别对待，由于根系和根际微生物呼吸耗氧，根系分泌物中含有还原性物质，因而旱作下根际 E_h 一般低于土体 $50\sim100mV$，土壤的还原条件将会增加 Cr（Ⅵ）的还原去除。然而，如果在生长于还原性基质上的植株根际产生氧化态微环境，那么当土体土壤中还原态的离子穿越这一氧化区到达根表时就会转化为氧化态，从而降低其还原能力。很明显的一个例子就是水稻，由于其根系特殊的溢氧特征，根际 E_h 高于根外，可以推断，根际 Fe^{2+} 等还原物质的降低必然会使 Cr（Ⅵ）的还原过程减弱。同时有许多研究也表明，一些湿地或水生植物品种的根表可观察到氧化锰在根—土界面的积累，Cr（Ⅲ）能被土壤中氧化锰等氧化成 Cr（Ⅵ），其中氧化锰可能是 Cr（Ⅲ）氧化过程中的最主要的电子接受体，因此在铬污染防治中根际 Eh 效应的作用不能忽视。

关于排灌引起的镉污染问题实际上也涉及 E_h 变化的问题。大量研究表明，水稻含镉量与其生育后期的水分状况关系密切，此时期排水烤田则可使水稻含镉量增加好几倍，其原因曾被认为是土壤中原来形成的 CdS 重新溶解的缘故，但从根际观点看，水稻根际 E_h 可使 FeS 发生氧化，因此，根际也能氧化 CdS，假如这样，水稻根系照样会吸收大量的镉。但从根际 E_h 动态变化来看，水稻根际的氧化还原电位从分泌盛期至幼穗期经常从氧化值向还原值急剧变化，在扬花期也很低。生育后期处于淹水状态下的水稻含镉量较低的原因可能就在于根际 E_h 下降，此时若排水烤田，根际 E_h 不下降，再加上根外土体 CdS 氧化，Cd^{2+} 活度增加，也就使 Cd 有效性大大增加。

2. 根际环境 pH 值的影响

植物通过根部分泌质子酸化土壤来溶解金属，低 pH 值可以使与土壤结合的金属离子进入土壤溶液。如种植超积累植物和非超积累植物后，根际土壤 pH 值较非根际土壤低 $0.2\sim0.4$，根际土壤中可移动态 Zn 含量均较非根际土壤高。重金属胁迫条件植物也可能形成根际 pH 值屏障限制重金属离子进入原生质，如镉的胁迫可减轻根际酸化过程。

3. 根际分泌物的影响

植物在根际分泌金属螯合分子，通过这些分子螯合和溶解与土壤相结合的金属，如根际土壤中的有机酸，通过络合作用影响土壤中金属的形态及在植物体内的运输，根系分泌物与重金属的生物有效性之间的研究也表明，根系分泌物在重金属的生物富集中可能起着极其重要的作用。小麦、水稻、玉米、烟草根系分泌物对镉虽然都具有络合能力。但前三者对镉溶解度无明显影响，植株主要在根部积累镉。而烟草不同，其根系分泌物能提高镉的溶解度，植株则主要在叶部积累镉。一些学者甚至提出超积累植物从根系分泌特殊有机物，从而促进了土壤重金属的溶解和根系的吸收，但目前还没有研究证实这些假说。相反，根际高分子不溶性根系分泌物通过络合或螯合作用可以减轻重金属的毒害，有关玉米的实验结果表明，玉米根系分泌的黏胶物质包裹在根尖表面，成为重金属向根系迁移的"过滤器"。

4. 根际微生物的影响

微生物与重金属相互作用的研究已成为微生物学中重要的研究领域。目前，在利用细菌降低土壤中重金属毒性方面也有了许多尝试。据研究，细菌产生的特殊酶能还原重金属，且对 Cd、Co、Ni、Mn、Zn、Pb 和 Cu 等有亲和力，利用 Cr（VI）、Zn、Pb 污染土壤分离出来的菌种去除废弃物中 Se、Pb 毒性的可能性进行研究，结果表明，上述菌种均能将硒酸盐和亚硒酸盐、二价铅转化为不具毒性，且结构稳定的胶态硒与胶态铅。

根际，由于有较高浓度的碳水化合物、氨基酸、维生素和促进生长的其他物质存在，微生物活动非常旺盛。研究表明在离根表面 $1 \sim 2mm$ 土壤中细菌数量可达 1×10^9 个/m^3，几乎是非根际土的 $10 \sim 100$ 倍，典型的微生物群体中每克根际土约含 10^9 个细菌、10^7 个放线菌、10^6 个真菌、10^3 个原生动物以及 10^3 个藻类。这些生物体与根系组成一个特殊的生态系统，对土壤重金属元素的生物可利用性无疑产生显著的影响。微生物能通过主动运输在细胞内富集重金属，一方面它可以通过与细胞外多聚体螯合而进入体内，另一方面它可以与细菌细胞壁的多元阴离子交换进入体内。同时，微生物通过对重金属元素的价态转化或通过刺激植物根系的生长发育影响植物对重金属的吸收，微生物也能产生有机酸、提供质子及与重金属络合的有机阴离子。有机物分解的腐败物质及微生物的代谢产物也可以作为螯合剂而形成水溶性有机金属络合物。

因此，当污染土壤的植物修复技术蓬勃兴起时，微生物学家也将研究的重点投向根际微生物。他们认为菌根和非菌根根际微生物可以通过溶解、固定作用使重金属溶解到土壤溶液，进入植物体，最后参与食物链传递，特别是内生菌根可能会大大促进植株对重金属的吸收能力，加速植物修复土壤的效率。

5. 根际矿物质的影响

矿物质是土壤的主要成分，也是重金属吸附的重要载体，不同的矿物对重金属的吸附有着显著的差异。在重金属污染防治中，也有利用添加膨润土、合成沸石等硅铝酸盐钝化土壤中锡等重金属的报道。据报道，根际矿物丰度明显不同于非根际，特别是无定形矿物及膨胀性页硅酸盐在根际土壤发生了显著变化。从目前对土壤根际吸附重金属的行为研究来看，根际环境的矿物成分在重金属的可利用性中可能作用较大。

总之，植物富集重金属的机制及影响植物富集过程的根际行为在污染土壤植物修复中具有十分重要的地位，但由于其复杂性，人们对植物富集的各种调控机制及重金属在根际中的各种物理、化学和生物学过程如迁移、吸附—解吸、沉淀—溶解、氧化—还原、络合—解络等过程的认识还很不够。因此，在今后的研究中深入开展植物富集重金属及重金属胁迫根际环境的研究很有必要。在基础理论研究的同时，再进一步开展植物富集能力体内诱导与根际土壤重金属活性诱导及环境影响研究。相信随着植物富集机制和根际强化措施的复合运用，重金属污染环境的植物修复潜力必将被进一步挖掘和发挥。

三、污染物的生物修复

生物修复作为一种新型的污染环境修复技术，与传统的环境污染控制技术相比较，具有降解速度快、处理成本低、无二次污染、环境安全性好等诸多优点。因此，利用生物修复来治理被有机物和重金属等污染物所污染的土壤和水体工程技术得到越来越广泛的应用。

（一）生物修复的概念

不同的研究者对"生物修复"的定义有不同的表述。例如，"生物修复指微生物催化降解有机物、转化其他污染物从而消除污染的受控或自发进行的过程""生物修复指利用天然存在的或特别培养的微生物在可调控环境条件下将污染物降解和转化的处理技术""生物修复是指生物（特别是微生物）降解有机污染物，从而消除污染和净化环境的一个受控或自发进行的过程"。从中可知，生物修复的机理是"利用特定的生物（植物、微生物或原生动物）降解、吸收、转化或转移环境中的污染物"，生物修复的目标是"减少或最终消除环境污染，实现环境净化、生态效应恢复"。

广义的生物修复，指一切以利用生物为主体的环境污染的治理技术。它包括利用植物、动物和微生物吸收、降解、转化土壤和水体中的污染物，使污染物的浓度降低到可接受的水平，或将有毒有害的污染物转化为无害的物质，也包括将污染物稳定化，以减少其向周边环境的扩散。一般分为植物修复、动物修复和微生物修复三种类型。根据生物修复的污染物种类，它可分为有机污染生物修复和重金属污染生物修复和放射性物质的生物修复等。

狭义的生物修复，是指通过微生物的作用清除土壤和水体中的污染物，或是使污染物无害化的过程。它包括自然的和人为控制条件下的污染物降解或无害化过程。

（二）生物修复的分类

按生物类群可把生物修复分为微生物修复、植物修复、动物修复和生态修复，而微生物修复是通常所称的狭义上的生物修复。

根据污染物所处的治理位置不同，生物修复可分为原位生物修复和异位生物修复两类：

原位生物修复指在污染的原地点采用一定的工程措施进行。原位生物修复的主要技术手段是：添加营养物质、添加溶解氧、添加微生物或酶、添加表面活性剂、补充碳源及能源。

异位生物修复指移动污染物到反应器内或邻近地点采用工程措施进行。异位生物修复中的反应器类型大都采用传统意义上"生物处理"的反应器形式。

（三）生物修复的特点

1. 生物修复的优点

与化学、物理处理方法相比，生物修复技术具有下列的优点：①经济花费少，仅为传统化学、物理修复经费的30%~50%；②对环境影响小，不产生二次污染，遗留问题少；③尽可能地降低污染物的浓度；④对原位生物修复而言，污染物在原地被降解清除；⑤修复时间较短；⑥操作简便，对周围环境干扰少；⑦人类直接暴露在这些污染物下的机会减少。

2. 生物修复的局限性

生物修复具有下列的局限性：①微生物不能降解所有进入环境的污染物，污染物的难降解性、不溶性以及与土壤腐殖质或泥土结合在一起常常使生物修复不能进行。特别是对重金属及其化合物，微生物也常常无能为力。②在应用时要对污染地点和存在的污染物进行详细的具体考察，如在一些低渗透的土壤中可能不宜使用生物修复，因为这类土壤或在这类土壤中的注水井会由于细菌生长过多而阻塞。③特定的微生物只降解特定类型的化学物质，状态稍有变化的化合物就可能不会被同一微生物酶所破坏。④这一技术受各种环境因素的影响较大，因为微生物活性受温度、氧气、水分、pH 值等环境条件的变化影响。⑤有些情况下，生物修复不能将污染物全部去除，当污染物浓度太低，不足以维持降解细菌的群落时，残余的污染物就会留在环境中。

（四）生物修复的前提条件

在生物修复的实际应用中，必须具备以下各项条件：①必须存在具有代谢活性的微生物；②这些微生物在降解化合物时必须达到相当大的速率，并且能够将化合物浓度降至环境要求范围内；③降解过程不产生有毒副产物；④污染环境中的污染物对微生物无害或其浓度不影响微生物的生长，否则需要先行稀释或将该抑制剂无害化；⑤目标化合物必须能被生物利用；⑥处理场地或生物处理反应器的环境必须利于微生物的生长或微生物活性保持，例如，提供适当的无机营养、充足的溶解氧或其他电子受体，适当的温度、湿度，如果污染物能够被共代谢的话，还要提供生长所需的合适碳源与能源；⑦处理费用较低，至少要低于其他处理技术。

以上各项前提条件都十分重要，达不到其中任何一项都会使生物降解无法进行从而达不到生物修复的目的。

（五）生物修复的可行性评估程序

1. 数据调查

数据调查具有如下几点：①污染物的种类、化学性质及其分布、浓度，污染的时间长短；②污染前后微生物的种类、数量、活性及在土壤中的分布情况；③土壤特性，如温度、孔隙度和渗透率等；④污染区域的地质、地理和气候条件。

2. 技术咨询

在掌握当地情况之后，应向相关信息中心查询是否在相似的情况下进行过就地生物处理，以便采用和借鉴他人经验。

3. 技术路线选择

对包括就地生物处理在内的各种土壤治理技术以及它们可能的组合进行全面客观的评价，列出可行的方案，并确定最佳技术路线。

4. 可行性试验

假如就地生物处理技术可行，就要进行小试和中试试验。在试验中收集有关污染毒性、温度、营养和溶解氧等限制性因素和有关参数资料，为工程的具体实施提供基础性技术参数。

5. 实际工程化处理

如果小试和中试都表明就地生物处理在技术和经济上可行，就可以开始就地生物处理计划的具体设计，包括处理设备、井位和井深、营养物和氧源等。

（六）土壤污染的生物修复工程设计

1. 场地信息的收集

首先要收集场地具有的物理、化学和微生物特点，如土壤结构、pH 值、可利用的营养、竞争性碳源、土壤孔隙度、渗透性、容重、有机物、溶解氧、氧化还原电位、重金属、地下水位、微生物种群总量、降解菌数量、耐性和超积累性植物资源等。

其次要收集土壤污染物的理化性质如所有组分的深度、溶解度、化学形态、剖面分布特征，及其生物或非生物的降解速率、迁移速率等。

2. 可行性论证

可行性论证包括生物可行性和技术可行性分析。生物可行性分析是获得包括污染物降解菌在内的全部微生物群体数据、了解污染地发生的微生物降解植物吸收作用及其促进条件等方面的数据的必要手段，这些数据与场地信息一起构成生物修复工程的决策依据。

技术可行性研究旨在通过实验室所进行的试验研究提供生物修复设计的重要参数，并用取得的数据预测污染物去除率，达到清除标准所需的生物修复时间及经费。

3. 修复技术的设计与运行

根据可行性论证报告，选择具体的生物修复技术方法，设计具体的修复方案（包括工艺流程与工艺参数），然后在人为控制条件下运行。

4. 修复效果的评价

在修复方案运行终止时，要测定土壤中的残存污染物，计算原生污染物的去除率、次生污染物的增加率以及污染物毒性下降等以便综合评定生物修复的效果。

原生污染物的去除率＝（原有浓度−现存浓度）/原有浓度×100%

次生污染物的增加率＝（现存浓度−原有浓度）/原有浓度×100%

污染物毒性下降率＝（原有毒性水平−现有毒性水平）/原有毒性水平×100%

（七）生物修复的应用及进展

70 年代以来，环境生物技术和环境生物学的发展突飞猛进，这种势头一直延续到今天。虽然"生物修复"的出现只有十几年的历史，但是"生物修复"已经成为环境工程领域技术发展的重要方向，生物修复技术将成为生态环境保护最有价值和最有生命力的生物治理方法。

20 世纪 90 年代，美国在埃克森·瓦尔迪兹油轮石油泄漏的生物修复项目中，短时间内清除了污染，治理了环境，是生物修复成功应用的开端，同时也开创了生物修复在治理海洋污染中的应用，是公认的里程碑事件，从此"生物修复"得到了政府环保部门的认可，并被多个国家用于土壤、地下水、地表水、海滩、海洋环境污染的治理。最初的"生物修复"主要是利用细菌治理石油、有机溶剂、多环芳烃、农药之类的有机污染。现在，"生物修复"已不仅仅局限在微生物的强化作用上，还拓展出植物修复、真菌修复等新的修复理论和技术。

第七章　生态视域下的智慧环境保护实践

第一节　智慧环保理论基础

一、数字环保

（一）数字环保

数字环保是近年来在数字地球、地理信息系统、全球定位系统、环境管理与决策支持系统等技术的基础上衍生的大型系统工程。数字环保可以理解为以环保为核心，由基础应用、延伸应用、高级应用和战略应用的多层环保监控管理平台集成，将信息、网络、自动控制、通信等高科技应用到全球、国家、省级、地市级等各层次的环保领域中，进行数据汇集、信息处理、决策支持、信息共享等服务，实现环保的数字化。

（二）数字环保的发展

数字环保经历了三代变革和发展。

1. 第一代数字环保：以短信为基础的移动办公访问技术

以短信为基础的第一代移动办公访问技术存在着实时性较差，查询请求不会立即得到回应的弊端。此外，由于短信信息长度的限制也使得一些查询无法得到完整的答案。这些令用户无法忍受的严重问题，导致了一些早期使用基于短信的数字环保执法系统的部门纷纷要求升级和改造系统。

2. 第二代数字环保：采用了基于 WAP 技术的方式

第二代数字环保采用了基于 WAP 技术的方式，主要通过手机浏览器访问 WAP 网页，以实现信息的查询，解决了一部分第一代移动访问技术的问题。第二代移动访问技术的缺陷主要表现在 WAP 网页访问的交互能力极差，因此极大地限制了移动办公系统的灵活性和方便性。此外，WAP 网页访问的安全隐患对于安全性要求极为严格的政务系统来说也是一个严重的问题。这些问题使得第二代访问技术逐步难以满足用户的要求。

3. 第三代数字环保：采用了第三代移动访问技术

第三代数字环保采用了基于 SOA（面向服务的架构）的 web Service 和移动 VPN（虚拟专用网络）技术相结合的第三代移动访问技术，系统的安全性和交互能力有了极大的提高。该系统同时融合了无线通信、数字对讲、GPS 定位、CA 认证及网络安全隔离网闸等多种移动通信、信息处理和计算机网络的最新前沿技术，以专网和无线通信技术为依托，为一线值勤环保执法人员提供了跨业务数据库、跨地理阻隔的现代化移动办公机制。

通过数字环保执法系统，环保执法人员可以迅速地查询环保业务资源库、污染源信息、污染企业信息、案件、公文和法律法规等，随时随地获得环保业务信息的支持，系统为一线提供区域向导图，使执法人员迅速地对区域内的现状做出判断，以减少失误，提高工作效率。环境应急监控中心发现异常情况后，立即通知环境监察中队，环境监察人员立即现场查处。特别是照片和相关图片的传输应用，不但可以解决协查、堵截、搜查等一线环保人员现场执法问题，而且通过 GIS（地理信息系统）为一线提供区域向导图。

（三）数字环保的研究内容

与数字环保相关的研究包括基础理论、支撑技术和分析技术。

第一，高分辨的卫星遥感技术：高光层分辨率、高空间分辨率。

第二，宽带网络三维地理信息系统（Web3D-GIS）、数据仓库与数据交换中心技术。

第三，OpenEMIDSS 标准、远程互操作、互运算等信息共享技术。

第四，仿真—虚拟技术和 VR-EMIDSS 技术。

第五，传感器、分析仪器和快速分析技术。

第六，数字环保的信息模型与体系结构研究，如建筑设施、交通设施、能源设施、生产设施、通信设施、污染物排放设施和行政管理的信息模型及体系结构（包括逻辑及运行）和信息组织及管理应用。

第七，数字环保的运行管理技术：通信网络系统及其管理，数据组织及数据转换，决策模型管理，信息应用和安全保障机制，机构、人事、操作规范及创新机制。

（四）数字环保的应用范围

数字环保的主要应用范围有七大方面：

1. 数据汇集

主要是各种数据的汇聚与共享，包括地理、地质、水文、生态等基础数据，监理、监测等业务数据以及外部数据。

2. 信息处理

即对收集的各种数据信息进行规范化的整理过程，包括基本信息处理（图、表、文档）、特殊信息引擎生成（GIS、地质、水文、生态）、应用信息引擎（语义生成）、信息测度与数据清洁（大量数据的整理、剔除）、应用视图管理（局部应用语义）、全局信息维护（一致性、完整性、相容性）。

3. 决策支持

包括数据挖掘组件、知识管理组件、模型管理组件、决策技术组件、交互过程支持和群体决策支持。

4. 问题发现

即现场监控报警（事故报警系统）、异常趋势发现（历史数据分析）、危险态势发现、监管对象分级、抽检、复杂环境事件仿真、评估、监管措施评估和外界举报接入。

5. 辅助执行

即远程实时监控系统、移动对象连续监控系统、事务追踪系统、指挥调度系统（指挥中心）和工作流管理系统。

6. 效果反馈

即监测对象、目标、数据动态建模、监测结论生成和共享、异常反馈信息示警和外部反馈信息接入。

7. 信息共享

即部门级信息共享（业务系统、操作员之间）、行业级信息共享（环保部门之间）、行业间共事（林业、建设、卫生防疫）、公众信息服务和信息增值服务（房地产、旅游、服务业）等。

（五）数字环保的实现层次

数字环保在实现层次上为：地、市级—省级—国家级—全球。从概念形成到系统建设的过程是环境保护的数字化进程，最终形成区域和非区域理念共存的数字系统，如污染物管理及污染物排放和总量控制、酸雨及大气污染物监测控制、产业排污动态监测、非点源污染监测、流动污染源监测、远程自动监测、环境影响评价、决策支持系统、环境信息发布和办公自动化等作为数字环保的子系统，在运行的过程中其所针对的问题是区域及非区域共存的。虽实现层次不同，但业务综合的层次是不同的。

数字环保由环境监管信息集成系统、环境数据中心、环境地理信息系统、移动执法系统、环境在线监控系统、环境应急管理系统及综合报告系统组成。数字环保通过远程环境管理平台、环境自动监控系统和电子政务网络平台，收集整理环保信息资源，建成环境电子信息资源库，为环保部门和社会提供广泛、完善的环境数据查询服务。环境数据涵盖建设项目环保审批、排污收费管理、工业污染源远程监控、12369 信访举报和水、气、声自动监测等系统数据。

二、智慧环保

智慧环保是互联网技术与环境信息化相结合的概念。智慧环保是数字环保概念的延伸和拓展，其借助物联网技术，把感应器和装备嵌入各种环境监控对象（物体）中，通过超级计算机和云计算将环保领域物联网整合，实现人类社会与环境业务系统的整合，以更加精细和动态的方式实现环境管理和决策的智慧。中国物联网校企联盟认为物联网技术的发展会带动智能环保的发展，实现环境保护的有效化。

（一）从数字环保发展到智慧环保

智慧环保是利用物联网技术、云计算技术、5G 技术和业务模型技术，以数据为核心，把环保领域物联网的数据获取、传输、处理、分析，通过超级计算机和云计算整合起来，通过"智在管理、慧在应用"，以更加精细和动态的方式为环境管理和环境保护提供智慧管理和服务支持。智慧环保并不等同于数字环保，是后者发展的延续和高级阶段。

从数字环保到智慧环保，是在数字环保技术的基础上加强感知层技术和智慧层技术的应用和建设，前者主要是指物联网技术，后者主要是指云计算、模糊识别等智能技术。感知层的传感器对环境污染源数据、大气环境质量数据等进行实时的采集和监控。分析感知层采集到的数据，这才是最终的目的。

（二）智慧环保系统目标

环保是一个庞大的体系，其包括环境监测、数据分析以及对污染源的监督管理、追责等，需要企业、各级政府和多个部门共同来完成。智慧环保体系主要体现在以下几个方面：

1. 业务协同化

将行政许可审批、建设项目管理、环境监督管理、环境执法、行政处罚、环境信访、环境监测、固废管理、核与辐射管理、总量管理、生态管理、空气质量预测预报、环境应急、环境决策等业务协同起来，打通业务之间的关联，形成协同管理机制。同时将政府的业务工作和企业的自身管理、公众的环保需求统一协同，为企业、公众提供优质服务。

2. 监控一体化

建立全方位立体监控网络，全面监控水污染源、气污染源、放射源、机动车、水环境、大气环境、噪声、生态环境等，实现天、地、空监控一体化智能监控管理平台。

3. 资源共享化

对跨区域、跨行业及跨平台的环境质量、环境安全和环境风险信息资源实现共享和科学评价，能通过模型和评价体系解决重点城市、区域和流域重大环境管理问题。

4. 决策智能化

实时了解环境质量状况，对某个区域的环境质量进行预测预报，同时针对环境质量较差的区域落实限批、停产、关停等管控手段。准确核算区域环境资源容载能力，为产业结构调整提供科学依据。

5. 信息透明化

政务外网网站、企业网上办事大厅及环保 App 软件等技术手段，是构建政府、企业及市民沟通的桥梁。提供面向排污企业、面向社会、面向百姓的环境信息服务，实现从原来单一的信息发布窗口和行政审批窗口到提供数据服务、接受监督、体现互动交流的公众服务平台的转变。

（三）智慧环保总体架构

智慧环保的基本构成是由各种传感器元件构成的感知层，其次是数据传输层，再次是利用数据的智慧层和服务层。

1. 感知层

感知层是物联网的基础，是联系物理世界与信息世界的重要纽带，是利用臭氧、一氧化碳、$PM_{2.5}$ 等任何可以随时随地感知、测量、捕获和传递信息的设备，实时感知大气、水及噪声等的污染源及环境质量等变化，实现对环境质量、污染源、生态、辐射等环境因素的"更透彻的感知"。感知层包括二维码标签和识读器、RFID（射频识别）标签和读写器、摄像头、GPS、传感器、M2M 终端、传感器网关等，主要功能是识别物体、采集信息，与人体结构中皮肤和五官的作用类似。

2. 传输层

传输层利用环保专网、运营商网络，结合5G、卫星通信等技术，将感知层收集到的环境信息在物联网上互动和共享，达到环境区域网格化、低成本布点效果，快速感知环境变化，快速做出异常点报警提示，改变传统监测模式数据滞后的弊端，实现在环境信息上更加全面的互联互通。

3. 智慧层

大数据是重大资源，如果运用不得当就失去了采集的意义。大数据的应用须以云计算、虚拟化和高性能计算等技术手段，整合和分析海量的跨地域、跨行业的环境信息，实现海量存储、实时处理、深度挖掘和模型分析，得出有用的数据，才能使智能化更加深入，对环保信息的分析更加准确无误，这需要云服务平台的支持，借助云计算强大的分析能力来分析环保大数据。目前，环保部门已经提出生态环境大数据的总体框架，现阶段服务层仍处于运行的初级阶段，尚未达到使用云计算分析的程度。

4. 服务层

服务层利用云服务模式，建立面向企业、公众的业务应用系统和信息服务门户，为环境质量、污染防治、生态保护、辐射管理等业务提供更智慧、更科学的决策，更好地达到环境保护的效果。

（四）智慧环保的优势

相对于传统的环保监测网络，智慧环保借助智能化感知器件、大数据和物联网。

1. 监测更精细

主要利用光学传感器、电学传感器、生物传感器、光纤化学传感器、声表面波化学传感器、渐逝波光纤传感器和纳米传感器等类型的传感器对水质、空气、土壤进行监测，传感器节点一般与被监测对象距离较近，与卫星和雷达等独立监测系统相比，提高了监测精度和准确性，因此可以对环境状况进行精确传感。

2. 监测更可靠

由于物联网感知互动层（无线传感网）的自治、自组织和高密度部署（冗余性），当传感器节点失效或新的节点加入时，可以在恶劣的环境中自动配置与容错，使得无线传感网在环境监测中具有较高的可靠性、容错性和稳健性。

3. 监测实时性更好

分布位置不同的多个传感器和多种传感器的同步监测，使得环境状况改变的发现更加及时，也更加容易。分布式的数据处理、多传感器节点协同工作，使监测更加全面，使环境信息在无人环境、恶劣环境情况下的实时采集和传输成为可能。

4. 管控更合理

在执行环境管控时，对污染排放企业采取限制、禁止等方法，促使企业改进环保设备和工艺，对改进得好的企业实施补贴。

5. 监测更严密

采取人防与技防相结合、以技防为主的措施，充分应用物联网技术实现水、陆、空立体监控。主要从三个方面采取措施：①利用智能监控设备，随时监测水和空气的环保数据；②利用无人机加强航拍取证，不间断空中巡检地面巡查不易发现的低空污染源；③对路面的污染源，如机动车实施全面监控。

6. 溯源更精准

利用微型监测站等设备对污染区实行加密无死角覆盖，掌握和判断本地污染源起源、迁移路径，有针对性地溯源分析，对污染源起源地开展有针对性的强化管控，人为干预阻断迁移路径，防止污染范围扩大。

第二节　智慧环保的必要性

一、智慧环保的作用

智慧环保的作用体现在以下几个方面。

（一）环境监控方面

建立全方位立体监控网络，对水污染源、气污染源、放射源、机动车、水站、气站、噪声站等进行全面的监控，方便、实时、全面地了解环境状况。

（二）企业评价方面

可以根据企业的排污状况和环境行为，建立完善的企业信用评价体系，从而加强对企业的管理。

（三）执法方面

执法人员在办公室、监控中心甚至执法现场可随时随地掌握企业实时的排污状况（实时的浓度和某一时间段的总量）、排污设施运行情况（直观的视频图像和各类运行参数）、黄标车辆或超标车辆所在的位置。领导可以随时查看执法人员所在的位置和行走的轨迹以及各类执法任务完成的情况。

（四）环境管理方面

可以对环境安全和企业的环境风险作出科学的评价，对环境风险高的企业进行预警；可以通过模型和评价体系解决重点城市、区域和流域重大环境管理问题。

（五）环境预测预报方面

可以随时了解实时的环境质量（大气环境、水环境、声环境和辐射环境）状况，同时可以对某个区域的环境质量进行预测、预报。

（六）环境决策方面

可以针对环境质量较差的区域采用限批、停产、关停等环境经济手段；可以准确核算区域环境资源的容载能力，为产业结构调整提供科学依据。

二、系统应用对象获得的益处

（一）面向政府部门

智慧环保对环境保护部门提升业务能力提供支持。系统可以实现全面感知包括水污染、空气污染、噪声污染、固废污染、化学品污染、核辐射污染等所有环境信息。智慧环保系统在环境质量监测、污染源监控、环境应急管理、环境信息发布等方面为环境保护行政部门提供监管手段，提供及时准确的一手数据，提供行政处罚依据，有效提高环保部门的管理效率，提升环境保护效果，解决人员缺乏与监管任务繁重的矛盾，是利用科学技术提高管理水平的典型应用。智慧环保可以实现环保移动办公，还可以提供移动执法、移动公文审批、移动查看污染源监控视频等功能。

（二）面向企业

智慧环保可以提高企业管理水平，准确掌握企业产生的废水、废气、废渣的排放情况。比如生产线各流程产生的三废排量过高，将影响去污设备的处理效果。智慧环保系统将自动监控三废的排放情况，当去污设备无法完成净化工作时，企业可自行停止生产，这样可避免因超标排放或不合格排放所面临的罚单，同时也能承担起企业应有的社会责任。

（三）面向公众

智慧环保可以很好地满足公众对于环境状况的知情权，公众可通过环境信息门户网站了解当前环境的各种监测指标，还可以通过环境污染举报与投诉处理平台向环境保护部门提出投诉与举报，从而帮助环境保护部门更加有效地管理违规排污企业，以保持良好的环境。

第三节　环境监测在线平台建设

一、环境监测在环境保护中起到的重要作用

环境监测在线平台是指应用物联网技术，将监测设备采集到的实时数据，通过联网上报的方式上传到监测系统数据库中，利用互联网信息化技术将其展现到环境在线系统页面上的平台。

作为环境保护工作中的基础环节，环境监测对于环境质量以及污染源的排放具有重要的监控作用，并且已经逐步成为环境管理科学化的重要标志。因此，建设环境在线监控平台，并将其应用于实际生活中具有重要的意义。

（一）环境监测为环境保护工作指明方向

环境保护的任务非常繁重，因为它涉及的范围很广，如水污染、大气污染、土壤污染、噪声污染等。环保部门需要面对辖区内全面性的环境保护工作，点多面广，环保部门通常为环境污染的控制工作提供一个临时性、应急性的解决方案，大多会经历"污染→治理→改善→再污染→再治理"的反复性阶段。所以，在严重污染的情况下开展环境保护突击治理是非常不明智的、不合理的，也不是环境保护的治本之策，环保部门必须采用更科学的治理措施。在这个大背景下，环境监测将能够发挥重大作用，它可以为辖区环境质量控制提供现状数据，减少环保部门的工作量，使其可以找到一个更科学、合理的环境污染控制的方向。环境监测系统将收集全国各地，如大气、水、土壤和其他自然环境污染信息，并对收集后的数据进行统一分析。环保部门也可以通过环境监测系统检查全国各地的环境污染情况，从而更直接地发现是否存在相关性的环境污染情况，并为下一步环保工作

指明方向。

（二）环境监测为环保标准的制定提供依据

环保部门的工作也需要有相应的参照标准，以确定大气、土壤、水环境相关的保护工作是否符合环境质量标准要求。如果发现污染的情况，环保部门还需要使用标准来衡量环境污染程度。因此，核定环境标准是非常重要的，环境监测系统的使用可以提供当前环境质量现状指标。环保部门开展环境监测工作时，需要在自然环境中不同点位、不同时期采集各种数据，对这些数据进行比较分析，以了解不同的地方在同一时期、不同时期的自然环境污染或污染的情况。这些数据可以为中国的环境污染状况监测并为环境标准的制定提供数据支持。

二、环保物联网智能监控平台建设

（一）环保物联网监控系统

环保物联网监控系统就是在点、线、面、源的合适点位安装各种环境监测、监控传感器包括自动监测仪器仪表（主要是化学传感器、数据采集传输仪、FRID 传感器等），通过各种通信信道与环境监控中心的通信服务器相连，实现在线实时通信，这样传感器感知的点位环境状态就被源源不断地送到环保局，并被存储在环保云计算平台的海量数据库服务器上，以供环保信息化各种应用系统使用。

环保物联网监控系统要接入各类环境感知数据，感知数据接入服务包括数据采集管理、数据存储管理、数据补足管理三部分，将污染源监控、环境质量等感知数据接入数据库，实现状态、浓度、流量、视频、图像、时态、空间等数据的一体化管理及标准化接入。

感知数据接入服务主要负责接收和存储污染源监控、环境质量等各类感知数据。感知数据接入的数据传输标准将基于环保部标准《污染源在线自动监控（监测）系统数据传输标准》，并根据各地区环保部门的要求进行扩展，与各运营单位的数据上报接口实现统一对接。

感知数据接入服务在设计上考虑扩展性，能够无缝扩展将来增加的感知数据的种类。感知数据包括水环境质量自动监测、大气环境质量自动监测、污染源自动监测、治理设施运行状态自动监控等数据。感知数据接入服务面向"智慧环保"的统一数据管理需求，在设计上体现出对各类感知数据、监测数据、监察数据等的接入需求，结合智能感知系统建设的需求进行规范化设计，以满足系统的高扩展要求。

1. 环境监测数据采集管理

感知数据接入服务采集系统运行所需要的数据，为智慧环保各应用系统提供数据保证。系统采集数据类型包括监测和监控数据（包括污染源监测数据、环境质量监测数据、治理设施监控数据等）、监控视频数据（包括视频和现场图像数据）两部分。

2. 视频监控数据采集管理

感知数据接入服务根据环保部相关标准制定规范化的视频数据采集接口，集成和管理各运营单位的监控视频，包括污染源监控视频、区域环境监控视频等。

3. 数据补足管理

感知数据接入服务对缺失的数据进行补足，确保数据完整，补足方式为人工补足和自动补足两种方式。

（1）人工补足

人工每发现系统数据缺乏时，创建一条"补足要求记录管理"记录，后台程序每天24小时读取补足要求记录数据表，获取数据缺乏时间段，并统一发起补足请求。数据发送方（运营单位）获取该请求后，依据指定协议将缺乏数据发送至指定服务器，指定服务器通过接收端根据协议接收数据，保证数据的完整性。

（2）自动补足

系统后台程序每天24时读取监测数据表并进行分析，将监测数据同各个监测点设备进行匹配，获取到未提交的数据设备信息，并统一发起补足请求，数据发送方（运营单位）获取该请求后，依据指定协议将缺乏数据发送至指定服务器，指定服务器通过接收端根据协议接收数据，保证数据的完整性。

（二）监控系统主要功能

1. 感知数据展示

感知监控数据的展示主要将实时监测指标数据、动力设备状态监控数据、视频数据进行集中展示，结合业务数据、分析结果等信息进行综合显示。主要展现形式包括表格在线展示、GIS 在线展示、详细数据展示和视频展示等。

2. 表格在线展示

感知数据以表格的形式展现出来，包括点位名称、实时监测数据、设备运行状态等信息。其中，数据异常或缺失等情况以图标、红色加粗字体突出显示，并提供详细信息快速查看入口，提供方便快捷的操作体验。

3. GIS 在线展示

监测数据基于电子地图显示，用户可对电子地图进行放大、缩小及平移等简单的操作。系统通过对点位的搜索和筛选，可快速将点位投影在地图上，并根据用户选择定位具体的监控点。

其中，监控点根据不同的类型在地图上显示出不同的图标，方便用户识别。异常的监控点以红色图标突出，方便环保人员快速跟踪监控点异常情况。

4. 详细监测数据展示

系统通过弹出窗口的方式，方便用户查看指定污染源的最新监测数据、基础信息、现场图片、故障信息、监测因子统计图、视频等信息。窗口根据监控点所属排放口将实时监测数据、生产和污染治理设施设备的状态工艺图、视频等信息集成在同一窗口并进行展示，方便用户全面地监控监控点。

5. 污染源治理设施工艺流程监控

企业污染治理设施处理工艺流程和运行状态的监控可使环保执法人员方便快捷地了解现场设备的在线运行状况，通过辅助策略帮助企业判断当前排放口污染物浓度是否真实，从而有效判断和预防污染事故的发生，并方便企业采取相应措施进行故障处理。

环保管理部门可以通过工艺流程图方便直观地查看监控企业的生产设施和治理设施的运行情况以及关键工艺环节的监测值，如水流量、pH 值等。

用户可以根据每个企业不同的工艺流程设定生产设施、治理设施、关键工艺环节监测值、排放口监测值等监控信息之间的联动关系和报警策略。系统会根据设定的报警策略，向不同的用户群体（环保部门人员、运营维护单位、监控企业）发送报警信息。

6. 监控企业的统计分析管理

监控中心平台能够实现对每个企业的监控、监测情况进行统计分析，并以直观的统计专题图的方式显示出监控设备的运行情况和监测因子的变化趋势。在监控情况统计图中，系统以柱状图的方式显示出每个时间段中排放浓度超标、设备联动异常的统计分析图。在监测因子折线图中，系统可显示最近 24 小时监测因子的统计分析图，用户可以通过折线图直观地分析出监测因子的变化趋势。

三、大气污染监测子系统

（一）功能需求分析

随着全球经济和工业的飞速发展，大气环境污染越来越严重，其中就有人们熟知的$PM_{2.5}$，而物联网技术可以有效地应用到大气污染的监测过程中，监测空气中可吸入颗粒物的含量、空气中有毒有害物质的含量，甚至能够监测大气中的氧气含量、二氧化碳含量、氮气含量等，以保证大气层整体的完整性，并且通过实时传输把监测器上的相关数据传输到气象中心，再传输给电视新闻中心以告知民众。

（二）空气在线监测系统

空气质量在线监控系统是由若干子系统及数据采集处理子系统组成的。其测定空气中颗粒物浓度、二氧化硫浓度、氮氧化物浓度，同时可测量温度、压力、流量、含湿量、含氧量等参数，并可计算各种参数，以图表的形式将数据传输至环保主管部门，无人远程实时监测区域，做到实时监控和应急预警。

四、海洋污染监测子系统

（一）功能需求分析

我国的海洋污染物联网系统建设还处于初级阶段，但是很多国家很早就研究海洋污染监测的物联网系统的建设。海洋污染物联网系统能够监测一个国家海洋的水质情况、污染物情况，能够及时地发现、处理一些人为灾害或者自然灾害的发生，比如，系统能够在核污染发生时及时发现污染物是否达到国家的近海，在轮船原油泄漏时及时地判断原油泄漏的污染情况并及时地做出处理，以控制污染。

（二）海洋污染监测的对象和方法

海洋污染监测按对象可分为水质监测、底质监测、生物监测和大气监测。海洋污染监测按方法可分为常规监测和遥感遥测：常规监测是指现场人工采样、观测、室内化学分析测试及某些相关项目的现场自动探测；遥感遥测则指利用遥感技术监测石油、温排水和放射性物质的污染，主要使用的仪器设备有用于航空遥感的红外扫描仪、多光谱扫描仪、微波辐射计、红外线辐射计、空中摄影机和机载测试雷达等。此外，还有远距离操纵的自动水质监测浮标。人造地球卫星也已经广泛应用于海洋污染监测。

（三）海洋在线监测系统

海洋污染物联网系统能够监测一个国家海洋某个区域内水质的变化情况、污染物情况，当一些人为灾害或者自然灾害发生时，系统会进行自动报警，及时提醒相关部门处理。该系统主要监测海洋中各种重金属元素及其他污染物的含量及变化以及海洋生物的生存状态等，计算各种数据，并将数据和图表提交给海洋管理部门，实现在线监测和管理国家海洋领域的水质。

五、水污染监测子系统

（一）功能需求分析

河流和河道的水质监测、水库水质监测及污水处理质量监测都已经应用了物联网技术，通过传感器监测水质中含有的各种污染含量、气体含量、有毒有害物质含量；然后将监测到的数据传送到中央控制系统中，计算机自动对比分析以判断水质情况和水质安全情况，所有的数据都会被自动储备。一旦发现问题，系统会自动报警，人也能够对系统进行干预，通过人为方式进行实时的监测观察。

（二）水质在线监测系统

水质在线监测系统是一套以在线自动分析仪为核心，运用现代传感器技术、自动检测技术、自动控制技术、计算机应用技术以及配套的软件和通信网络组成的综合性在线自动监测系统。方案平台基于微定量分析技术及系统智能集成技术，通过对水样及预处理系统进行控制，实现对水样的环境参数进行测量控制和预警等功能。

系统利用物联网技术构建污染源自动监测管理体系，在重点污染企业废水、废水排放口设置在线监测设备，升级改造现有监测设备，自动获取监测点污染的信息；通过智能感知获取污染因子排放数据，中心管理控制平台对污染源实现全覆盖、全自动、全天候的监控，提高污染源监测器的管理水平和效率。

（三）水污染连续自动监测系统的组成

与空气污染连续自动监测系统类似，水污染连续自动监测系统也由一个监测中心站，若干个固定监测站（子站）和信息、数据传递系统组成。中心站的任务与空气污染连续自动监测系统中心站的任务相同。水污染连续自动监测系统包括地表水和废（污）水监测系统。

各子站装备有采水设备、水质污染监测仪器及附属设备，水文、气象参数测量仪器，微型计算机及无线电台。其任务是对设定的水质参数进行连续或间断性自动监测，并将测得的数据进行必要的处理；接受中心站的指令；将监测数据进行短期存储，并按中心站的调令，将其通过无线电传递系统传递给中心站。

采水设备由网状过滤器、泵、送水管道和高位储水槽等组成，通常配备两套，以便在一套停止清洁工作时自动开启备用的一套。采水泵常使用潜水泵和吸水泵，前者因浸入水中而易被腐蚀，故寿命较短，但适用于送水管道较长的情况；吸水泵不存在腐蚀问题，适合长期使用。采水设备在微机控制下可自动定期清洗。清洗方式为利用压缩空气压缩喷射清洁水、超声波或化学试剂清洗，视具体情况选择或将其结合使用。水样通过传感器的方式有两种：一种是直接浸入式，即把传感器直接浸入被测水体中；另一种是用泵把被测水抽送到检测槽，传感器在检测槽内进行检测。由于后一种方式适合于需要进行预处理的项目，并能保证水样通过传感器时有一定的流速，所以目前几乎都采用这种方式。

1. 子站布设及监测项目

相关人员布设水污染连续自动监测系统各子站时，首先要进行调查研究，收集水文、气象、地质和地貌、污染源分布及污染现状、水体功能、重点水源保护区等基础资料，然后经过综合分析，确定各子站的位置，设置代表性的监测断面和监测点。

许多国家都建立了以监测水质一般指标和某些特定污染指标为基础的水污染连续自动监测系统。须与水质指标同步测量的水文、气象参数有水位、流速、潮汐、风向、风速、气温、湿度、日照量、降水量等。废（污）水自动监测系统建在大型企业内，连续监测给水水质和排水中主要污染物质的浓度及排水总量，并对污染物排放总量进行控制。

水污染连续自动监测系统目前存在的主要问题是监测项目有限，监测仪器长期运转的可靠性尚差，经常发生传感器污染、采水器和水样流路堵塞等故障。

2. 水污染连续自动监测仪器

（1）水温监测仪

水温监测仪一般用感温元件如铂电阻或热敏电阻做传感器测量水温。具体方法为：将感温元件浸入被测水中并接入平衡电桥的一个臂上；当水温变化时，感温元件的电阻随之变化，则电桥平衡状态被破坏，有电压信号输出，根据感温元件电阻变化值与电桥输出电压变化值的定量关系实现对水温的测量。

（2）电导率监测仪

连续自动监测，常用自动平衡电桥法电导率仪和电流测量法电导率仪测定电导率。后者采用了运算放大电路，可使读数和电导率呈线性关系，近年来应用日趋广泛。

（3）pH 值监测仪

pH 值监测仪由复合式 pH 玻璃电极、温度自动补偿电极、电极夹、电线连接箱、专用电缆、放大指示系统及小型计算机等组成。为防止电极长期浸泡于水中表面沾附污物，电极夹上带有超声波清洗装置，定时自动清洗电极。

（4）溶解氧监测仪

水污染连续自动监测系统，广泛采用隔膜电极法测定水中的溶解氧。隔膜电极有两种，一种是原电池式隔膜电极，另一种是极谱式隔膜电极。由于后者使用中性内充溶液，维护较简便，适用于自动监测系统，电极可安装在流通式发送池中，也可浸入搅动的水样（如曝气池）中，该仪器设有清洗装置。

（5）浊度监测仪

被测水经阀 1 进入消泡槽，去除水样中的气泡后，由槽底经阀 2 进入测量槽，再由槽顶溢流流出。测量槽顶经特别设计，使溢流水保持稳定，从而形成稳定的水面。从光源射入溢流水面的光束被水样中的颗粒物散射后，其散射光被安装在测量槽上部的光电池接收，转化为光电流。同时，一部分光源通过光导纤维装置导入作为参比光束输入到另一光电池，两光电池产生的光电流送入运算放大器进行运算，并转换成与水样浊度呈线性关系的信号，用电表指示或记录仪记录。仪器零点可通过过滤器的水样进行校正，量程可用标准溶液或标准散射板进行校正。光电元件、运算放大器应装于恒温器中，以避免温度变化带来的影响。测量槽内的污物可通过超声波清洗装置定期自动被清洗。

（6）高锰酸盐指数监测仪

高锰酸盐指数监测仪有比色式和电位式两种。在程序控制器的控制下，其依次将水样、硝酸银溶液、硫酸溶液和 $0.005\,mol/L$ 高锰酸钾溶液经自动计量后送入置于 $100℃$ 恒温水浴中的反应槽内，待反应 $30\,min$ 后，自动加入 $0.012\,5\,mol/L$ 草酸钠溶液，将残留的高锰酸钾还原，过量草酸钠溶液再用 $0.005\,mol/L$ 高锰酸钾溶液自动滴定，到达滴定终点时，指示电极系统（钳电极和甘汞电极）发出控制信号，滴定剂停止加入。数据处理系统经过运算将水样消耗的标准高锰酸钾溶液量转换成电信号，并直接显示或记录高锰酸钾指数。测定过程一结束，反应液从反应槽自动排出，经清洗水自动清洗几次，整机恢复至初始状态，再进行下一个周期测定。每一测定周期需经历 1 小时。

（7）COD 监测仪

常用的 COD 监测仪是间歇式比色法和恒电流库仑滴定法 COD 自动监测仪。前者基于在酸性介质中，用过量的重铬酸钾氧化水样中的有机物和无机还原性物质，用比色法测定剩余重铬酸钾量，计算出水样消耗重铬酸钾量，从而得知 COD，仪器利用微机或程序控制器自动量取水样、加液、加热氧化、测定及数据处理等操作。后者是将氧化水样后剩余的重铬酸钾用库仑滴定法测定，根据其消耗电量与加入的重铬酸钾总量所消耗的电量之差，计算出水样的 COD，仪器也是利用微机按预定程序自动进行各项操作。

（8）微生物传感器 BOD 自动监测仪

微生物传感器法测定 BOD 由液体输送系统、传感器系统、信号测量及数据处理、程序控制系统等组成，可在 30 分钟内完成一次测定。

①将中性磷酸盐缓冲溶液用定量泵以一定流量打入微生膜传感器下端的发送池，发送池置于 30℃恒温水浴中。因缓冲溶液不含 BOD 物质，故传感器输出信号为一个稳态值。

②将水样以恒定流量（小于缓冲溶液流量的 1/10）打入缓冲溶液中，与其混合后进入发送池。因此时的溶液含有 BOD 物质，传感器输出信号减小，其减少值与 BOD 物质的浓度有定量关系，经电子系统运算，直接显示 BOD 值。

③一次测定结束后，将清洗水打入发送池，清洗输液管路和发送池。清洗完毕再自动开始第二个测定周期。

根据程序设定要求，每隔一定时间打入 BOD 标准溶液校准仪器。

（9）TOC 监测仪

TOC 自动监测仪是根据非色散红外吸收法原理设计的，有单通道和双通道两种类型。其用定量泵连续采集水样并将其送入混合槽，在混合槽内与以恒定流量输送来的稀盐酸溶液混合，使水样 pH 值介于 2 和 3 之间，之后碳酸盐分解为 CO_2，经除气槽随鼓入的氮气排出。已除去无机碳化合物的水样和氧气一起进入 850～950℃的燃烧炉（装有催化剂），水样中的有机碳转化为 CO_2，经除湿后，用非色散红外分析仪测定。邻苯二甲酸氢钾被作为标准物质定期自动对仪器进行校正。这种仪器的另一种类型是用紫外光—催化剂氧化装置替代燃烧炉。

（10）UV（紫外）吸收监测仪

由于溶解于水中的不饱和烃和芳香族化合物等有机物强烈吸收 254nm 附近的光，而无机物对其吸收甚微；实验证明某些废水或地表水对该波长附近光的吸光度与其 COD 值有良好的相关性，故可用来反映有机物的含量。该方法操作简便，易于实现自动测定，目前其在国外多用于监测排放废水的水质，当紫外吸收值超过预定控制值时，就按超标处理。

低压汞灯发出约90%的254nm紫外光束通过水样发送池后，聚焦并射到与光轴成45°角的半透射半反射镜上被分成两束，其中一束光经紫外光滤光片后得到254nm的紫外光（测量光束）。另一束光射到光电转换器上，将光信号转换成电信号，该电信号反映了水中有机物对254nm光的吸收和水中悬浮粒子对该波长的光因吸收及散射而衰减的程度。假设悬浮粒子对紫外光的吸收和散射与对可见光的吸收和散射近似相等，则两束光的电信号经差分放大器进行减法运算后，其输出信号即为水样中有机物对254nm紫外光的吸光度，消除了悬浮粒子对测定的影响。仪器经校准后可直接显示有机物浓度。

（11）其他污染物监测仪器

测定水中污染物的自动监测仪器还有总氮、总磷、氨氮、氟化物、氟化物、六价铬、总需氧量（TOD）等监测仪。

水样中的总氮用密封燃烧氧化—化学发光监测仪测定，其原理如下：首先将水样注入密闭、温度为750℃的反应管中，在催化剂的作用下，水样中的含氮化合物燃烧氧化生成一氧化氮，然后用载气将其载入化学发光测定仪进行测定，各项操作在自控装置的控制下按预定程序自动进行。

总磷监测仪的工作原理是：在自控装置的控制下，按预定程序自动进行水样消解和用铝锑抗光度法测定。

氨氮、氟化物监测仪是以离子选择电极为传感器的自动监测仪。六价铬自动监测仪是依据比色法原理设计的。TOD自动监测仪的工作原理是将水样置于900℃和有催化剂存在的反应室中，通入含有一定浓度氧的载气，使水样中的有机化合物和其他还原性物质被瞬间完全氧化，载气中氧浓度降低，用氧化锆氧量检测器测定载气氧浓度减少值就可得知TOD值。各项操作按预定程序自动完成并显示测定结果。氧化锆氧量检测器是一种高温固体电解质浓差电池型检测器，其电动势取决于待测气体中的氧浓度。

3.　水质污染监测船

水质污染监测船是一种水上流动的水质分析实验室，它用船作为运载工具，装上必要的监测仪器、相关设备和实验材料，可以灵活地开到需要监测的水域进行监测工作，以弥补固定监测站的不足；可以方便地追踪寻找污染源，研究污染物扩散、迁移规律；可以在大水域范围内进行物理、化学、生物、底质和水文等参数的综合观测，获得多方面的数据。

水质污染监测船上一般装备有水体、底质、浮游生物等采样系统或工具，固定监测站和水质分析实验室中必备的分析仪器、化学试剂、玻璃仪器及材料，水文、气象参数测量仪器及其他辅助设备和设施（如标准源、烘箱、冰箱、实验台、通风及生活设施等），还备有浸入式多参数水质监测仪，可以垂直放入水体不同深度同时测量 pH 值、水温、溶解氧、电导率、氧化还原电位和浊度等参数。

六、生态环境监测子系统

（一）功能需求分析

生态环境的物联网监测系统其实是一个较为宽泛的系统概念，但也已经逐步地被应用，一般来说，这样的一个监测系统不仅仅包括以上提及的几个已经投入使用的环境监测系统，它还包括视频监控系统、生态环境的生物和动物生存情况的监测等一系列的监控系统。生态环境的物联网监测应用主要应用在自然保护区、沙漠绿植研究、热带雨林生态监测、草原生态恶化监测中，其可把相应数据统计提交给相关生态环境研究部门，方便生态学者记录和分析自然生态环境的变化，也方便相关研究人员给出及时的解决和监管方案。

（二）生态环境监测子系统

生态环境监测系统相对比较复杂，主要通过监测某区域生态环境系统温度、水分、植被覆盖率、动物的迁徙等，来判断监测区域内的生态环境变化。通过视频监控系统，相关人员可以监测某区域动物的生存状态，并最终将数据汇集到中央控制系统中。生态环境的物联网监测应用主要有以下几方面：①在一些自然保护区，对稀有动植物的分布和状态进行统计分析；②对沙漠绿色植被生存环境的采集和分析，由相关人员进行研究，防止沙漠化加剧；③对热带雨林生态进行监测，对某时段雨林系统的温度、水分、气体含量进行统计，并由相关生态研究员进行分析评估，预防雨林自然火灾；④草原生态监测系统定期对草原环境进行监测，防止草原退化。

系统然后把相应数据统计提交给相关生态环境研究部门，方便生态学者对自然生态环境的变化进行记录和分析，也方便相关研究人员给出及时的解决和监管方案。

（三）生态环境监测网络建设方案

坚持全面设点、全国联网、自动预警、依法追责，形成政府主导、部门协同、社会参与、公众监督的生态环境监测新格局。在 2020 年，初步建成了陆海统筹、天地一体、上下协同、信息共享的生态环境监测网络。

七、城市环境监测子系统

（一）功能需求分析

最近几年内，随着城市经济的快速发展，城市环境污染越来越严重，因此，对全国城市环境的监测和整治刻不容缓。建立全国城市环境监测系统，环境监管部门及新闻部门通过收集这些数据，及时为各地城市环境制订解决方案。如今，我国城市空气质量堪忧，尤其是一些大中型城市，一些由重型工业发展而来以及人口持续增多的城市大气污染都相对严重。对城市工厂污染物排放进行监测，并根据相关标准对其进行整治。

（二）城市环境监测子系统拓扑

城市环境监测子系统通过污染源监测系统平台监测各个城市重点污染源污染物的排放总量、噪声污染、粉尘污染。为提高监测效能，系统必须采用自动化、信息化、科学化的技术手段，建设污染源在线监控系统平台，为节能减排、环境统计、排污申报、排污收费等提供依据。

（三）环保局在线监测预警系统建设方案

1. 总体建设原则

为了满足环保领域日益增长的需求，本方案采用先进的视频监控技术、视频图像处理技术、视音频编解码技术、智能分析与模式识别技术、流媒体网络传输技术等技术构建一套完善的在线监测预警系统。

（1）采用高清晰度的摄像机，实现现场监控可视化

环境保护监控系统往往具有监控区域较大、监控点布置位置较远，对图像细节、清晰度要求较高的特点。传统的标清图像在清晰度方面无法满足实际应用的需求。高清摄像机具有可拍摄高清晰度视频、图像的特性，广泛应用于大区域和对图像质量要求较高的监控应用中。系统通过在排污口、烟囱附近等地安装高清晰度的摄像机，获取工厂排放的清晰的实时视频，以便相关人员随时查看，了解生产过程中废弃物排放的实时状况。

（2）采用丰富的报警和联动技术，实现报警方式多样化

环境监控点一般需要全天24小时不间断监控，且点位众多、涉及范围广，靠监控人员的肉眼去发现异常的方式一方面费用开销较大，另一方面也容易出现遗漏或不能及时发现问题，不能达到监控防护的效果。本系统采用先进的报警设备，接入各类模拟量、开关

量报警，制订丰富多样的联动计划（例如，客户端联动、手机短信联动、电视墙联动、电子邮件联动等），当发生报警时，设备将报警信息传送到监控中心，中心根据联动计划将报警信息及时快速地传送给相关负责人，多种通知方式能够满足各种人群的需要，达到提前预警、便于及时处理的效果。

（3）采用前端设备存储技术，实现历史数据可查化

环境监控点分布较广、位置较为分散，出于网络覆盖和带宽资源费用的考虑，其他系统往往选择本地存储方式来节省建设经费。本方案将支持前端设备 24 小时不间断地录像，保证所有历史事件都有记录可查，中心可以通过网络查询辖属内的各个监控点的录像视频并进行点播查看，在节省了中心到监控点的带宽资源的同时，又实现了事件录像事后查证。

（4）通过综合监控、全面集成，实现管理控制一体化

多个平台分别部署和管理时，人力和建设费用较高，且操作形式多样，相互之间没有关联。本系统可将门禁、报警、环境数据采集、车辆识别系统、人员考勤及人员信息管理都集成到管理软件中，充分发挥安防监控系统的应用价值。

2. 功能分析

（1）实时监控

实时、全天候、全方位监控排污企业的情况，并且可以进行实时、直观、清晰的监视，同时支持多台监控工作站及多个监测支队的工作人员同时查看任意点位的视频图像。

（2）在线监测

该功能结合在线监测前端设备的相关反馈信息，通过远程设备进行反馈，控制中心可获得实时的监控数据并与实时视频监控数据相结合，即可实时了解到污染源的空气质量、水质、排污量等各项数据，并可以以图表的方式进行多样化报警，更可远程控制是否允许企业进行排污。

（3）录像管理

监测支队相关工作人员可以远程设置前端系统的录像规则，实现手动录像、计划录像、告警触发录像、移动侦测录像等录像方式；监控系统除了具有实时监视和报警功能外，还可实现事发后有据可查，因此，录像连续流畅、多功能播放也是平台的一个很重要的功能。

（4）远程控制

用户可以对视频监控设备和环境监测设备进行控制，控制范围包括摄像机（包括云台、镜头等）、灯光等；可以对摄像机进行视角、方位、焦距、光圈、景深的调整，还可

以控制摄像机的雨刷、加热器等辅助设备，支持用鼠标拖曳的方式控制摄像机的监控方位、视角，实现快速拉近、推远、定焦被监控对象；此外，系统特有的三维定位功能，用户在实时监测时可以通过框选的方式，迅速将局部区域放大，方便地定位到重点关注区域。云台控制操作有不同的优先级，高优先级的用户可以抢占低优先级用户的操作。

（5）系统报警

系统与在线监测平台进行融合，通过提取在线监测数据，分析、报警数据，多污染源厂同时发生多点报警时，按报警级别高低优先和时间优先的原则进行操作，确保报警信息不丢失和误报；所有报警信息及确认信息（包括确认时间、确认节点、确认用户等）自动保存，可实现历史查询、显示、打印和输出功能。报警管理包括报警预案的设置和报警联动的设置。用户设置报警预案，当视频或报警通道产生报警信息时，自动联动其他视频或联动声光等报警输出，也可以将报警联动上墙显示。

（6）监视屏控制

系统提供接入大屏的功能，接入大屏的视频可选择任意的视频资源。

（7）电子地图

用户可以在地图上直接对视频、报警等设备进行管理；为了便于后期自行维护，系统提供增加、修改和删除电子地图的图层，并可进行切换，具有超级链接功能；可以对地图进行放大、缩小和漫游；可以在地图上进行图标闪烁、弹出视频窗口等操作。

（8）视频和监测数据叠加

整合各类不同来源的环保检测数据，如 pH 值、二氧化碳含量、二氧化硫含量等，在相应的视频图像上进行叠加，既可以看到污染源企业的废气、废水的排放图像，又能显示相关的检测数据，具有直观、方便的特点。

（9）手机监控

手机监控软件由客户端程序和服务器端程序两部分组成，用户可通过客户端软件进行实时视频浏览、云台控制等操作。用户还可以实时查询在线监测的数据和排污企业信息。

（10）语音对讲

通过前端设备，实现客户端与前端设备或视频通道进行语音对讲及广播功能。

（11）报表管理

根据采集的数据自动生成相关报表。

（12）权限管理

用户权限配置分为用户、部门、角色三部分，不同用户可以设置所属部门和隶属角色，执行相关操作时根据优先级为优先级高的用户提供优先使用权利，用户权限可以在线进行授权、转移和取消；权限配置可以针对功能进行授权，比如有没有控制云台摄像机的权限；也支持针对数据的授权，比如有没有回放录像文件的权限。

（13）安全管理

系统所有重要操作，如登录、控制、退出等，均应有操作记录，系统可查询和统计操作记录，所有操作记录具有不可删除和不可更改性；系统保存的所有重要数据，包括用户信息、报警信息、操作记录、日志等，应具有不可删除和不可更改性。

（14）系统管理

系统管理主要为管理人员提供系统维护的功能，包括日志管理、监控节点状态监视、配置管理、前端系统的 OSD 显示位置、字体和大小及颜色以及用户管理、用户权限设置。

3. 实施方案

根据项目情况，建议项目实施按照以下方案进行：

第一阶段：建设监控中心显示大屏系统及后端存储系统，包括大屏显示系统、存储系统、管理平台及相关配套设施。

第二阶段：建设前端厂区监控点×个。

第三阶段：建立在线监测系统，同时整合国家在线监测系统，实现自动报警。

（四）环境监察移动执法系统建设

环境监察移动执法是为促进环境执法更加规范、客观、快捷，采用现代化通信手段、数据库及计算机网络安全等技术，以局域办公网、业务专网、无线通信网等为依托，以移动终端设备为载体，实现现场环境执法信息的动态采集、相关标准和记录查询、决策辅助等综合应用的现代化执法方式。

移动执法系统建设是"环境监督管理全覆盖责任体系"的数字化，是全覆盖体系的信息化保障。移动执法系统的建设，可实现环保执法任务分配、执行、处置、监管的全过程数字化，将环境监督管理工作的空间全覆盖、工作全覆盖、任务全覆盖、责任全覆盖落到实处。

参考文献

[1] 张宝军. 水环境监测与治理［M］. 北京：中国环境出版集团，2020.

[2] 乔仙蓉. 环境监测［M］. 郑州：黄河水利出版社，2020.

[3] 韩莉. 环境监测和环境保护研究［M］. 长春：吉林科学技术出版社，2020.

[4] 李秀红. 生态环境监测系统［M］. 北京：中国环境出版集团，2020.

[5] 隋聚艳，郭青芳. 水环境监测与评价［M］. 郑州：黄河水利出版社，2020.

[6] 聂文杰. 环境监测实验教程［M］. 徐州：中国矿业大学出版社，2020.

[7] 李丽娜. 环境监测技术与实验［M］. 北京：冶金工业出版社，2020.

[8] 邱诚，周筝. 环境监测实验与实训指导［M］. 北京：中国环境出版集团，2020.

[9] 李广贺. 水资源利用与保护［M］. 北京：中国建筑工业出版社，2020.

[10] 鲁群岷，邹小南. 环境保护概论［M］. 延吉：延边大学出版社，2019.

[11] 王佳佳，李玉梅. 环境保护与水利建设［M］. 长春：吉林科学技术出版社，2019.

[12] 罗岳平. 环境保护沉思录［M］. 北京：中国环境出版集团，2019.

[13] 顾海东，江舟. 生物化学与环境保护［M］. 汕头：汕头大学出版社，2019.

[14] 王平，徐功娣. 海洋环境保护与资源开发［M］. 北京：九州出版社，2019.

[15] 龙凤，葛察忠. 环境保护市场机制研究［M］. 北京：中国环境出版集团，2019.

[16] 冷罗生. 当代环境保护问题的法律应对［M］. 北京：知识产权出版社，2019.

[17] 徐婷婷. 中国农村环境保护现状与对策研究［M］. 长春：吉林人民出版社，2019.

[18] 吴明先，单永体. 多年冻土区公路建设环境保护关键技术［M］. 上海：上海科学技术出版社，2019.

[19] 陆军，孙宏亮，2018 长江经济带生态环境保护修复进展报告［M］. 北京：中国环境出版集团，2019.

[20] 卢伟伟. 无机纳米材料在环境保护和检测中的应用［M］. 北京：原子能出版社，

2019.

[21] 宋海宏，苑立. 城市生态与环境保护［M］. 哈尔滨：东北林业大学出版社，2018.

[22] 张艳梅. 污水治理与环境保护［M］. 昆明：云南科技出版社，2018.

[23] 王宪军，王亚波. 土木工程与环境保护［M］. 北京：九州出版社，2018.

[24] 韩耀霞，何志刚. 环境保护与可持续发展［M］. 北京：北京工业大学出版社，2018.

[25] 陆浩，李干杰. 中国环境保护形势与对策［M］. 中国：中国环境出版集团，2018.

[26] 杜长明，严建华. 环境保护中等离子体治理技术［M］. 杭州：浙江大学出版社，2018.

[27] 王思用. 公路工程与环境保护［M］. 北京：光明日报出版社，2017.

[28] 戴财胜. 环境保护概论［M］. 徐州：中国矿业大学出版社，2017.

[29] 吴长航，王彦红. 环境保护概论［M］. 北京：冶金工业出版社，2017.

[30] 张惜伟. 土地荒漠化与环境保护［M］. 延吉：延边大学出版社，2017.

[31] 施问超，施则虎. 国家环境保护标准研究（上）［M］. 合肥：合肥工业大学出版社，2017.

[32] 卓光俊. 环境保护中的公众参与制度研究［M］. 北京：知识产权出版社，2017.

[33] 马天南. 环境保护倡导中国实践案例集［M］. 北京：中国原子能出版社，2017.

[34] 计兰强. 农村环境保护与治理［M］. 天津：天津科学技术出版社，2016.

[35] 齐立军. 化工生产与环境保护［M］. 成都：电子科技大学出版社，2016.